T0207964

IT kompakt

Die Bücher der Reihe „IT kompakt" zu wichtigen Konzepten und Technologien der IT:

- ermöglichen einen raschen Einstieg,
- bieten einen fundierten Überblick,
- eignen sich für Selbststudium und Lehre,
- sind praxisorientiert, aktuell und immer ihren Preis wert.

Weitere Bände in der Reihe https://link.springer.com/bookseries/8297

Daniel Sonnet

Neuronale Netze kompakt

Vom Perceptron zum Deep Learning

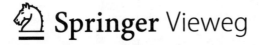 Springer Vieweg

Daniel Sonnet
Hochschule Fresenius Hamburg
Hamburg, Deutschland

ISSN 2195-3651   ISSN 2195-366X   (electronic)
IT kompakt
ISBN 978-3-658-29080-1   ISBN 978-3-658-29081-8   (eBook)
https://doi.org/10.1007/978-3-658-29081-8

Die Deutsche Nationalbibliothek verzeichnet diese Publikation in der Deutschen
Nationalbibliografie; detaillierte bibliografische Daten sind im Internet über http://
dnb.d-nb.de abrufbar.

Planung/Lektorat: David Imgrund
Springer Vieweg ist ein Imprint der eingetragenen Gesellschaft Springer Fach-
medien Wiesbaden GmbH und ist ein Teil von Springer Nature.
Die Anschrift der Gesellschaft ist: Abraham-Lincoln-Str. 46, 65189 Wiesbaden,
Germany

Inhaltsverzeichnis

Einführung

1

Zusammenfassung

Daten sind das Gold des 21. Jahrhunderts, oder Daten sind das neue Öl. Diese markanten Sprüche erfreuen sich gerade enormer Beliebtheit. Im Kern soll ausgedrückt werden, dass gesammelte Daten für Institutionen wie Unternehmen und Forschungsstätten immense Werte haben können, die es zu erschließen gilt. In diesem Kontext fällt des Öfteren der Bergriff der Neuronalen Netze, die sich zu Recht bereits auf sehr vielen Gebieten bewährt haben. Neuronale Netze sind ein Teil der künstlichen Intelligenz (KI), oder wie war das noch einmal genau? Wir beginnen dieses Kapitel darum, indem wir zunächst die Begriffe, KI, Machine Learning und Neuronale Netze sowie ihre Verbindung zu klassischen Disziplinen wie Mathematik, Statistik und Informatik sortieren. Wir werden anschließend beleuchten (in einer sehr vereinfachten Form) wie Menschen lernen und dies mit der klassischen Wissensakquise von Computerprogrammen vergleichen. Es werden die drei Begriffe Supervised, Unsupervised und Reinforcement Learning in diesem Kontext erarbeitet. In allen drei Bereichen sind Neuronale Netze eine große Bereicherung, wie wir feststellen werden. Diese flexible und universelle Einsatzfähigkeit motiviert die weitere Beschäftigung mit Neuronalen Netzen. Jedes Kapitel dieses Buches greift einen anderen Aspekt Neuronaler Netze auf. Am Ende des vorliegenden Einführungskapitels wird

© Springer Fachmedien Wiesbaden GmbH, ein Teil von Springer Nature 2022
D. Sonnet, *Neuronale Netze kompakt,* IT kompakt,
https://doi.org/10.1007/978-3-658-29081-8_1

zusammengefasst welcher Aspekt des faszinierenden Bereichs
in den folgenden Kapiteln behandelt wird.

Daten sind wertvoll, da sie ggf. verwertbare Muster enthalten können. Die Idee ist simpel. Mittels Algorithmen wird das Muster
extrahiert, um es anschließend auf neue Daten anzuwenden. Die
Extraktion sowie die Anwendung von Mustern ist eine Paradedis-
ziplin Neuronaler Netze. Beispiele für den erfolgreichen Einsatz
von Neuronalen Netzen sind:

- Bilderkennung, z. B. für das autonome Fahren,
- Spracherkennung, z. B. für die automatische Übersetzung eines
  gesprochene Textes,
- Gesichtserkennung z. B. bei der Benutzeridentifikation von
  Smartphones,
- Schrifterkennung, z. B. für die Zuordnung von händisch
  geschriebenen Ziffern,
- Steuerung von technischen Prozesse, z. B. die Regelung von
  Kühlsystemen von Serverparks,
- Prognosen, z. B. wie viele Menschen werden am nächsten Tag
  abhängig vom Wetter auf einem Golfplatz spielen,
- Frühwarnsysteme, z. B. Predictive Maintenance - ein System
  warnt wenn bei einer Produktionsmaschine eine Wartungsarbeit
  ansteht,
- Zeitreihenanalysen, z. B. Prognosen, ob der DAX fallen oder
  steigen wird,
- Unterstützung von Ärztinnen und Ärzten im Rahmen von
  Krankheitsdiagnosen,
- biometrische Systeme, z. B. die Erkennung von Gesichtern während der Einreisekontrolle an Landesgrenzen,
- Wirtschaftsmodelle, z. B. Analyse, welche Auswirkung hat eine
  Leitzinserhöhung durch die EZB auf die Inflation im Eurowirt-
  schaftsraum,
- und viele weitere.

Neuronale Netze betten sich in die Themen künstliche Intelligenz
(engl. Artificial Intelligence) und Machine Learning ein. Teile

dieser Disziplinen sind noch recht neu, erfreuen sich jedoch wachsender Beliebtheit. Dieses Buch hat das Anliegen, eine kompakte Einführung in das Thema Neuronale Netze zu liefern. Darum sortieren wir zunächst, wie Neuronale Netze zu den anderen genannten Begriffen stehen. Abb. 1.1 illustriert, dass Neuronale Netze eine Teildisziplin des maschinellen Lernens sind, was wiederum ein Bereich der künstlichen Intelligenz ist.

Es kommt sofort die Frage auf, wie die künstliche Intelligenz zu klassischen Disziplinen wie Mathematik und Informatik steht. In Abb. 1.2 ist der Versuch unternommen, eine solche Abgrenzung durchzuführen. Selbstverständlich könnte man diese Grafik beliebig ausdehnen und versuchen, weitere Disziplinen einzusortieren. Für den Moment erscheint es jedoch ausreichend festzuhalten, dass künstliche Neuronale Netze in der Informatik zu verordnen sind, die wiederum Schnittmengen mit der Mathematik und der Statistik hat.

Dieses Buch fokussiert auf Neuronale Netze und zieht Methoden aus angrenzenden Disziplinen nur dann heran, wenn es nötig und für das Verständnis hilfreich ist.

Warum sind Neuronale Netze derzeitig so populär? Sie können leistungsstarke Partner sein, wenn es um die Analyse von (großen) Datenbeständen geht. Sie erfreuen sich derzeitig großer Beliebtheit und sind in der breiten Diskussion angekommen. Darüber hinaus

Abb. 1.1 Teilmengen der künstlichen Intelligenz

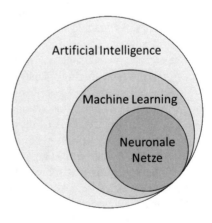

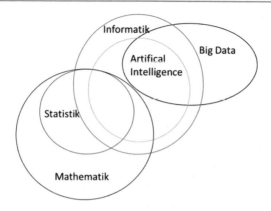

Abb. 1.2 Teilmengen der künstlichen Intelligenz

sind sie mittlerweile ein fester Bestandteil in zahlreichen Businessanwendungen. Diverse Beispiele sind bereits oben in einer Liste aufgeführt. Die ersten Neuronalen Netze wurden bereits am Ende der 1950er-Jahre konstruiert. Damals waren datengetriebene Geschäftsmodelle, wie wir es heute von Amazon, Google und Co. kennen, selbstverständlich noch kein Thema. Zu diesem Zeitpunkt wurden Neuronale Netze von Menschen mit wissenschaftlichen Anliegen kreiert und Big Data stand damals nicht im Fokus. Das erste dieser Netze geht auf den Psychologen Frank Rosenblatt zurück. Bis heute ist das erste Neuronale Netz vielfältig weiterentwickelt worden. Dabei waren Mathematiker und Informatiker stark beteiligt. Wenn viele unterschiedliche Menschen am gleichen Thema über einen längeren Zeitraum arbeiten, ist eine Begriffsvielfalt nicht verwunderlich. Es wurden Begriffe wie Perceptron, Feedforward Netze, Backpropagation, Convolutional Neural Network, Supervised und Unsupervised Training etc. geprägt. Als Einsteiger mit wenig Zeit in das Thema, kann dies zu Frust führen. Das Anliegen dieses Werkes ist darum, eine möglichst kompakte Einführung in das Thema zu geben, ohne auf die wichtigsten Praxisbegriffe zu verzichten. Das gerade Gesagte kann auf das Thema Darstellung von mathematischen Inhalten erweitert werden. Neuronale Netze wurden maßgeblich von Menschen mit guten mathematischen Kenntnissen entwickelt, und dementsprechend ist die

Literatur zu ihnen größtenteils mathematisch. Um weiterhin eine möglichst kompakte und intuitive Einführung in das Thema zu bieten, wird im vorliegenden Werk wenn möglich auf mathematische Schreibweisen verzichtet. Wenn dennoch einmal eine Formel auftaucht, ist sie eher als Ergänzung zu verstehen, sie ist nicht essentiell, um das grundsätzliche Themengebiet und das Vorgehen Neuronaler Netze zu verstehen.

Wann sollten Sie dieses Buch lesen? Wenn Sie auf der Suche nach einer kompakten Einführung in das Thema sind, die Sie schnellstmöglich mit Neuronalen Netzen vertraut macht. Oder anders formuliert, wenn es auf Sie zutrifft, dass Sie wenig Zeit besitzen, jedoch bald mit Kollegen oder Beratern im richtigen Vokabular zu Neuronalen Netzen fachsimpeln möchten, dann sind Sie hier richtig.

Wann sollten Sie dieses Buch nicht lesen? Wenn Sie sich bereits gut in das Themengebiet eingearbeitet haben, wird das vorliegende Werk Ihre speziellen Fragen ggf. nicht beantworten. Dafür fehlt in diesem kompakten Werk der Raum. Eine Literaturempfehlung wäre für Sie z. B. [28].

Neuronale Netze sind Werkzeuge des maschinellen Lernens, was bereits Abb. 1.1 nahelegt. Dies wirft die Frage auf, wann ein Computerprogramm als maschinell lernfähig gilt? Nicht jede Software die *smart* daherkommt ist aus diesem Bereich. Ist z. B. Microsoft Excel aus dem Bereich des maschinellen Lernens? Excel ist ein leistungsfähiges und sehr wertvolles Werkzeug im täglichen Umgang mit Daten. Es ermöglicht sogar einzelne statistische Analysen. Dennoch ist Excel ganz klar keine Software des Feldes „Machine Learning". Excel ist eine Software die im klassischen Sinne programmiert ist. Dies bedeutet, dass ein von Menschen erdachtes Regelwerk, welches in vielen Tausend Zeilen Code in der Software steckt, dafür sorgt, dass Excel so reagiert, wie es von Excel erwartet wird. Sobald z. B. der Anwender auf die Schaltfläche „Formeln" klickt, öffnet Excel das Formelmenü und bietet unterschiedliche Formeln zur Auswahl an. Der Nutzer des Programm sieht sich dann einer Situation wie in Abb. 1.3 dargestellt gegenüber.

Dieses Verhalten wurde Excel mittels implementierter Regeln quasi in die DNA eingesetzt. Excel hat sich dieses Verhalten nicht selbst beigebracht, bzw. Excel hat nicht gelernt, dass dieses

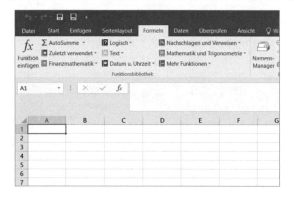

Abb. 1.3 Ein Klick auf den Reiter Formel öffnet in Excel den Formeleditor

Verhalten sinnvoll bzw. vom Nutzer gewünscht ist. Excel befolgt ausschließlich Regeln. Das Schreiben von Software auf der Basis von extrahierten Regeln (es wurde am Anfang auch von Muster gesprochen) ist angelehnt an den idealisierten Wunsch des menschlichen Lernens. Kinder zum Beispiel observieren die Welt und agieren stark auf der Basis von Regeln. Wenn die Ampel Rot zeigt, gehen Kinder nicht über die Ampel. Diesen regelbasierten Ansatz, um das gewünschte Verhalten von Software herzustellen, ist daran angelehnt. In Abb. 1.4 ist es dargestellt.

Ein Programm aus dem Bereich maschinellen Lernens kennt das Konzept von fest implementierten Regeln nicht. Statt Regeln wird eine Einheit implementiert, die in der Lage ist, aus bereitgestellten Daten ein relevantes Muster zu erkennen. Sobald das Muster extrahiert ist, kann es benutzt werden, um Einschätzungen zu dem Ergebnis neuer Daten zu bestimmen. Nehmen wir das Beispiel der

Abb. 1.4 Die Programmierung klassischer Software basiert auf Regeln

Unterscheidung von Autos und Fahrrädern. Der Einfachheit halber werden lediglich die beiden Variablen Anzahl Räder und Gewicht benutzt. Natürlich kann es sinnvoll sein, andere oder weitere Variablen einzusetzen. Hier wird sich zunächst auf diese beschränkt. In Abb. 1.5 sind verschiedene Fahrräder und Autos gemäß der beiden Variablen Anzahl Räder und Gewicht beschrieben.

Aus Abb. 1.5 könnte man z. B. die Regel ableiten, wenn das Gewicht zwischen 500 kg und 2000 kg liegt und das Objekt 4 Räder hat, handelt es sich um ein Auto. Diese durch Menschen kreierte Regel wäre in eine Software implementierbar. Dieses Vorgehen entspräche dem in Abb. 1.4 gezeigten maschinellen Programmieren. Das maschinelle Lernen verfolgt einen alternativen Ansatz. Hierbei wird einem Lernalgorithmus Daten (Trainingsbeispiele) präsentiert und die Aufgabe gestellt, das dahinterliegende Pattern/Muster zu extrahieren, damit Fahrräder von Autos unterscheidbar werden. Es ist damit ähnlich zum Vorgehen beim menschlichen Lernen aus Erfahrungen, wie es in Abb. 1.4 gezeigt ist. Ein fiktiver Auszug solcher möglichen Lerndaten ist in Tab. 1.1 gezeigt.

Der Lernalgorithmus könnte durch simples Einziehen zweier Geraden in Abb. 1.5 einen Fahrradbereich sowie einen Autobereich festlegen. Diese Idee ist in Abb. 1.6 dargestellt.

Selbstverständlich hätte ein Lernalgorithmus statt Gerade auch andere Formen nutzen können. Hier wurde zur Illustration das einfachste Beispiel gewählt.

Abb. 1.5
Unterscheidung Autos und Fahrräder

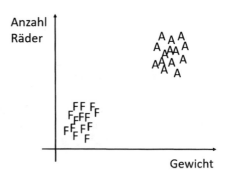

Tab. 1.1 Auszug möglicher Lerndaten zum Fahrrad-Auto-Problem

Gewicht in kg	Anzahl Räder	Auto/Fahrrad?
13	2	Fahrrad
7	2	Fahrrad
864	4	Auto
12	2	Fahrrad
1254	4	Auto
6	2	Fahrrad
…	…	…

Abb. 1.6 Gelerntes Muster zur Unterscheidung von Autos und Fahrrädern

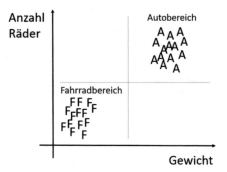

Für das Beispiel kann festgehalten werden: Nicht der Mensch hat Regeln zur Unterscheidung von Autos und Fahrrädern erdacht und in einem Computerprogramm implementiert. Ein Algorithmus hat selbstständig aus Daten gelernt, Autos und Fahrräder zu unterscheiden. Diese Eigenschaft bezeichnen wir als maschinelles Lernen. Allgemeiner gilt, dass Algorithmen beim maschinellen Lernen mittels Trainingsdaten ein (statistisches/mathematisches) Modell erlernen. Jedoch werden die Trainingsdaten nicht einfach nur auswendig gelernt, sondern das Muster bzw. die Gesetzmäßigkeiten in den Daten wird extrahiert.

Nun steht ein erster Ansatz, was maschinelles Lernen allgemein beschreibt, zur Verfügung. Maschinelles Lernen ist ein weites Feld, in dem grundsätzliche die folgenden drei Arten[1] unterschieden werden:

1. Supervised Learning bzw. überwachtes Lernen,
2. Unsupervised Learning bzw. unüberwachtes Lernen,
3. Reinforcement Learning bzw. bestärkendes Lernen.

Die Literatur unterscheidet nicht immer einheitlich in diese drei Gruppen. Einige Autoren subsumieren das Reinforcement Learning als Untergruppe des Supervised Learnings.

Das oben skizzierte Problem der Unterscheidung zwischen Autos und Fahrrädern ist ein treffendes Beispiel für Supervised Learning. Der fiktive Auszug an Lerndaten (Tab. 1.1) enthält sogenannte gelabelte Daten. Statistiker würden in diesem Kontext sagen, dass die Spalte mit der Überschrift Auto/Fahrrad? die abhängige Variable sei. Übersetzt heißt dies nichts anderes, als dass zu jeder Zeile auch bekannt ist, ob sich der Datensatz mit Angabe bzgl. Gewicht und Anzahl Räder auf ein Fahrrad oder ein Auto bezieht. Ein Algorithmus, der anfängt, die Zusammenhänge zwischen Gewicht, Anzahl Räder und Output (Auto/Fahrrad?) zu lernen, kann überwacht werden, da bekannt ist, ob sich jede einzelne Zeile eines Datensatz auf ein Auto oder ein Fahrrad bezieht. Auf diesen Zusammenhang bezieht sich das überwachte Lernen.

Sind Daten wertlos, wenn sie keine gelabelten Daten enthalten? Ein überwachtes Lernverfahren scheidet damit aus. Der Gedanke liegt nahe, dass die Daten aus Tab. 1.1 wertlos sind, wenn die Information, ob es sich um Autos oder Fahrräder handelt, nicht gegeben ist. Nein, wertlos werden die Daten dadurch nicht, aber die Fragestellung, was aus den Daten gelernt werden kann, verändert sich. Nehmen wir dafür aus Abb. 1.5 die Info, ob es sich um ein Auto

---

[1] Im Folgenden wird eher die englische Bezeichnung verwendet. Die englischsprachige Literatur ist so dominant, dass in absehbarer Zeit Supervised Learning so selbstverständlich benutzt werden wird, wie z. B. das Wort Computer.

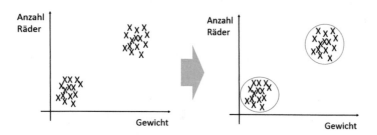

Abb. 1.7 Bildung von zwei Clustern in Daten ohne Label

oder Fahrrad handelt heraus, indem alle A und F durch neutrale
X ersetzt werden. Das Ergebnis ist in Abb. 1.7 visualisiert. Das
menschliche Auge zusammen mit unserem Gehirn erkennt jedoch
sofort, dass offensichtlich zwei unterschiedliche Gruppen an Fahr-
zeugen in den Daten enthalten sind. Man spricht in diesem Kontext
oft von sogenannten Clustern anstatt von Gruppen.

> Zusammengefasst kann festgehalten werden, dass in unge-
> labelten Daten immer versucht werden kann, z. B. eine
> bestimmte Anzahl an Clustern zu ermitteln.

Beispiel 1.1 Ein anderes Beispiel für Unsupervised Learning ist
in Abb. 1.8 visualisiert. Natürlich ist Menschen sofort klar, dass
auf der linken Seite der Grafik Gabeln und Messer liegen und dass
diese in die beiden Cluster Gabel und Messer zu sortieren wären.
Menschen versagen allerdings schnell, wenn entweder viele unterschiedliche Objekte zu clustern sind, oder das Cluster-Problem
über mehr als drei Dimensionen besitzt. Denn spätestens ab vier
Dimensionen können die Daten nicht mehr ganzheitlich visualisiert werden. Hier kann das Unsupervised Learning den Menschen
effizient unterstützten.

In der letzten Auflistung der drei unterschiedlichen Lernar-
ten wird als drittes noch das Reinforcement Learning genannt.
Das besondere hier ist, dass es zunächst überhaupt keine Daten

gibt, die für ein Training eines Algorithmus zu Verfügung stehen. Durch Ausprobieren müssen zunächst gelabelte Daten erzeugt werden. Beispielsweise kann einem Kind nur sehr begrenzt erklärt werden, wie es auf einem Laufrad zu fahren hat. Natürlich kann man das Halten von Gleichgewicht theoretisieren, jedoch wird das Kind erst durch Ausprobieren verstehen, wie ein Rad gefahren wird. Zum Ausprobieren gehören einerseits Stürze, aber auch das Kind belohnende unfallfreie Fahrtabschnitte. Intuitiv lernt das Kind aus Stürzen und erfolgreichen Fahrtabschnitten, das Laufrad zu beherrschen. In https://www.youtube.com/watch?v=VMp6pq6_QjI&t=478s ist ein Video zu sehen, wie ein Auto lernt, selbstständig in eine Parklücke zu fahren. Das Fahrzeug hat diverse Sensoren, und es trifft selbstständig alle Entscheidungen. Es wäre viel zu kostspielig und ggf. zu gefährlich, ein Auto mit Sensoren und Computer auszustatten und es in der realen Welt ausprobieren zu lassen, wie es sich am besten in eine Parklücke einparken lässt. Aus diesem Grund wird das Szenario in einer Simulationssoftware nachgebaut. Die Landschaft sowie das Fahrzeug werden inklusive aller relevanten physikalischen Gesetze simuliert. Jetzt spricht man nicht mehr von einem Fahrzeug, welches einparken lernt, sondern eher von einem Agenten. Analog zum Kind aus dem Laufradbeispiel lernt der Agent durch diverse Versuche die richtige Strategie, die Aufgabe zu lösen. Ebenfalls erlebt der Agent Misserfolge und Erfolge. Es wird angestrebt, dass der Agent erfolglose Versuche nicht wiederholt jedoch erfolgreiche Strategien ausgebaut. Zu diesem Zweck wird der Algorithmus bestraft, wenn er einen Misserfolg erzielt hat, und er wird belohnt, wenn er erfolgreich war. Den Bestrafungs- und Belohnungsmechanismus kann man sich ganz grob als große Tabelle vorstellen. Rammt der Agent ein anderes Fahrzeug, erhält er einen kleinen Wert, gelingt es ihm einzuparken, erhält er einen höheren Wert. Der Agent ist darauf programmiert möglich hohe Werte zu realisieren. Es sei der Hinweis gegeben, dass ein trainierter Agent lediglich eine Lösungskompetenz besitzt. Der Agent kann keine andere Aufgabe lösen. Er ist vollkommen darauf trainiert, ein Fahrzeug erfolgreich in einem ähnlichen Szenario einzuparken. Böse formuliert könnte der Agenten als „Fachidiot" bezeichnet werden. Von Systemen, die in der Lage sind,

Abb. 1.8 Unsupervised: Finde Cluster in nicht strukturierten Daten

vielfältige und unterschiedliche Probleme zu lösen, sind wir allerdings derzeitig noch weit entfernt.

> Es wurden drei unterschiedliche Konzepte namentlich das Supervised Learning, das Unsupervised Learning und das Reinforcement Learning dargestellt. Der Mehrheit der Businessapplikationen kommen derzeit aus dem Feld des Supervised Learnings, wie z. B. in [27] nachzulesen ist. Neuronale Netze sind universell, mit der richtigen Vorbereitung können sie erfolgreich in allen drei Disziplinen eingesetzt werden.

Mächtige Konzepte wie Neuronale Netze sind durchaus komplex. Es kommt sofort die Frage auf, was ist in einer Einführung wirklich relevant und gemäß welcher Reihenfolge werden ausgewählte Aspekte präsentiert? Generell erscheint es bei der Beschäftigung mit Neuronalen Netzen sinnvoll, die Entwicklung dieser im Zeitablauf kennenzulernen. Die Evolution von 1958 bis 2020 könnte mit einem Augenzwinkern kurz wie folgt beschrieben werden: In 1958 erblickte das erste Neuronale Netz das Licht der Welt, es wurde Perceptron genannt. Dieses sehr simpel aufgebaute Netz war in der Lage, einfache grafische Gebilde, wie z. B. Ziffern, zu unterscheiden. Dies entfesselte die Phantasie der Wissenschaft. Jedoch gegen Ende der 1960er-Jahre wurde klar, dass die erste Generation der Netze gewisse (nicht linear separierbare) Probleme nicht lösen kann. Die Euphorie erhielt eine Delle, bis Mitte der 1970er-Jahre das genannten Problem gelöst werden konnte, indem ab dann mehrere Schichten von Neuronen miteinander kombiniert und leistungsstärkere Lernverfahren entwickelt wurden. Seit 2009 werden große Erfolge mit Neuronalen Netzen erzielt. Zum Beispiel hat das Team um Jürgen Schmidhuber der Swiss AI Lab IDSIA im Jahr 2009 acht internationale Wettbewerbe gewonnen, bei denen es um Mustererkennung ging [43]. Das Zauberwort für die gestiegene Leistungsfähigkeit lautet Deep Learning. Ganz grob kann man sagen, dass Deep Learning eine Klasse von Methoden ist, um Neuronale Netze mit (sehr) vielen Schichten an Neuronen effizient zu trainieren. Unterstützend kam hinzu, dass leistungsstärkere Prozessoren und speziell sogenannte GPUs (Graphics Processing Units) erschwinglich wurden, die parallel ausführbare Aufgaben berechnen können. Große Tech-Unternehmen, wie z. B. Google nutzen in kommerziellen Anwendung (Spracherkennung, Google Maps etc.) intensiv Neuronale Netze, weshalb sie für viele Menschen integraler Bestandteil ihres Alltags sind, ohne dass sie sich darüber bewusst sind.

Im Prinzip kennen Sie jetzt das Anliegen des ersten Teils des Buches. Verbunden damit ist die Hoffnung, dass Sie sich ermutigt fühlen weiterzulesen. Tauchen Sie ein in dieses spannende Thema, welches aller Wahrscheinlichkeit nach in den nächsten Jahren noch mehr Aufmerksam erhalten wird.

Der Aufbau des Buches ist wie folgt: In Kap. 2 werden wir unterschiedliche Neuronale Netze in den Mittelpunkt stellen. Der Einstieg in die Welt der Neuronalen Netze wird über einen historischen Abriss vollzogen. Begonnen wird die Reise in die Vergangenheit beim Perceptron. Es ist der Startschuss und der grundlegende Baustein für das Erfolgsmodell Neuronale Netze. Perceptrons haben den großen Vorteil, dass ihr Aufbau und ihre Lernmechanismen leicht verständlich sind. Dieses Wissen wird Ihnen helfen, die weiteren Evolutionsstufen der Neuronalen Netze zu verstehen. Wir vertiefen diese Überlegungen und gehen zu größeren Neuronalen Netzen über mit deutlich mehr Neuronen und einer größeren Anzahl an Schichten von Neuronen. Diese Überlegung wird uns zügig zum Deep Learning führen. Es wurden diverse Methoden entwickelt, um die gewachsenen Neuronalen Netze zu trainieren. Wir werden die gängigsten Verfahren in dem Kapitel beleuchten. Das Kapitel wird abgerundet mit einer Vorstellung einiger besonderer Netzwerktypen.

Nach dem (ganz leicht) theorielastigem Kap. 2 wenden wir uns ganz praktischen Überlegungen zu und beleuchten in Kap. 3 Vor- und Nachteile Neuronaler Netze. Auch wenn der eine oder andere Guru Ansätze der künstlichen Intelligenz als Universalproblemlöser preist, möchte ich Sie ermutigen, kritisch zu bleiben. Neuronale Netze bieten phantastische Möglichen. Die Vorstellung ihrer Vorzüge widmet sich der erste Teil des Kap. 3. Allerdings haben Neuronale Netze jedoch auch Schwachstellen. Nicht jedes Problem eignet sich dazu, mit ihnen gelöst zu werden. Neuronale Netze haben beispielsweise (noch) die Eigenschaft, eine sogenannte Black Box zu sein. Dies bedeutet, dass es für den Menschen (meistens) nicht nachvollziehbar ist, warum ein Neuronales Netz eine konkrete Prognosen oder Entscheidung trifft. Solange das Netze gute Prognosen/Entscheidungen erzeugt, mag uns das nicht stören, jedoch bei sicherheitsrelevanten Entscheidungen, wie z. B. beim autonomen Autofahren oder bei diskriminierungsrelevanten Entscheidungen, z. B. bei der Auswahl von Bewerber*innen für einen Job, kann das ganz anders sein. Zu einem kompakten Überblick bezüglich Neuronaler Netze gehört darum zwangsweise auch die Diskussion hinsichtlich ihrer Schwächen, die in Kap. 3 geführt wird.

Viele kommerzielle und nicht kommerzielle Anwendungen wurden bereits mit Neuronalen Netzwerken realisiert. Regelmäßig erscheinen neue Publikationen zur Theorie und der Anwendung Neuronaler Netze. Die Beseitigung bzw. die Milderung der genannten Nachteile von Neuronalen Netzen ist das Anliegen von vielen Forscher*innen weltweit. Zu einem kompakten Überblick bezüglich Neuronaler Netze gehört darum nicht nur der Blick in die

Vergangenheit und die Zusammenfassung der bereits errungenen Leistungen. Kap. 4 hat darum das Anliegen, kompakt zusammenzufassen, welche Entwicklung Neuronale Netze nehmen könnten. Zum Beispiel wird erörtert, welche Ansätze aktuell erkennbar sind, die genannte Black-Box-Eigenschaft abzumildern. Es ist selbstverständlich nicht seriös abschätzbar, wann wie und welchen Pfad diese Technologie einschlagen wird. Dennoch werden aktuelle Forschungsansätze kompakt dargestellt, um alle Leser*innen in die Lage zu versetzen, mit Anwendern von Neuronalen Netzen auf Augenhöhe über mögliche Entwicklungen zu diskutieren.

Trotz der im zweiten Teil von Kap. 3 zusammengetragenen Schwachstellen haben Neuronale Netze großes Potenzial. Sie werden darum nicht selten als eine Schlüsseltechnologie für das 21. Jahrhundert genannt. Das Ziel der ersten Kapitel ist, dass Sie nach der Lektüre dieser das Bedürfnis verspüren, Optionen zu evaluieren Neuronale Netze in Ihrem (beruflichem) Umfeld einzusetzen. Aus diesem Grund ist der erste Teil des Kap. 5 als Quickguide konzipiert, welches Ihnen Orientierung zum Einsatz geben kann. In einer sehr pragmatischen Sichtweise wird demonstriert, wie zügig evaluiert werden kann, ob dies Technologie als Problemlöser in Erwägung gezogen werden kann. Wenn die Antwort positiv ausfällt, steht die Erstellung eines Prototypen im Raum. Auch hier hat sich eine sehr praktische Vorgehensweise bewährt, die in Kap. 5 beschrieben wird. Im Optimalfall juckt es Ihnen anschließend in den Fingern, selbst einen Prototypen zu erstellen. Nicht selten wird man jedoch von praktischen Hürden, wie z. B. den nicht vorhandenen Programmierkenntnissen, verschreckt. Aus diesem Grund wird Kap. 5 mit Fallstudien beendet, in denen demonstriert wird, wie ohne Programmierkenntnisse mit hilfe der Software RapidMiner auf realen Daten ein Prototyp Neuronaler Netze erstellt werden kann. Diese intuitiven Prototypen sind Gold wert, denn sie können direkt mit der Person bzw. der Abteilung besprochen werden, die ein Neuronales Netz zur Lösung eines Problems einsetzen möchte. Via Prototyping erspart man sich dadurch wochenlanges Coding und dann die späte Erkenntnis, dass das Problem ggf. doch anders gelöst werden soll.

Neuronale Netze sind ein vielfältiges Gebiet inklusive einer aktiven Forschungsgemeinschaft. Ihre universelle Einsetzbarkeit und die immense Leistungsfähigkeit faszinieren Wissenschaftler und Anwender gleichermaßen. Lassen Sie uns darum nun gemeinsam tiefer in diese Welt und ihre Möglichkeiten eintauchen. Wir starten diese Reise mit einem kompakten Abriss zu Neuronalen Netzen durch zu Zeit.

Neuronale Netze

2

Zusammenfassung

Neuronale Netze sind keine aktuelle Erfindung. Das Thema geht bis in die erste Hälfte des vergangenen Jahrhunderts zurück. Zu dieser Zeit gab es die Informatik wie in der heutigen Form noch nicht. Darum waren es keine Informatiker, die die Forschung um Neuronale Netze initialisierten, sondern Psychologen. In diesem Kapitel wird mit einem kompakten historischen Abriss gestartet. Alles begann mit dem sogenannten Perceptron, welches bereits erstaunliche approximative Fähigkeiten besaß und eine Disziplin innerhalb der künstlichen Intelligenzforschung bildete. 1970, ausgelöst durch den sogenannten Lighthill Report erfuhr die KI-Forschung einen Dämpfer, welcher den KI-Winter einläutete. Jeder Winter wird vom Frühling verdrängt, so auch hier. Mehr- bzw. tiefschichtige Netze (Deep Neural Networks) bilden heute den Status quo. Nach diesem historischen Abriss, der entscheidend zum Verständnis dieser toller Disziplin ist, wird das Kapitel weitergeführt, indem ein paar unterschiedliche Lern- bzw. Trainingsverfahren Neuronaler Netze vorgestellt werden. Den Abschluss dieses Kapitels bildet ein Unterkapitel über besonders erwähnenswerte Netzwerktypen sowie ihre möglichen Einsatzgebiete. In diesem Kapitel werden noch einmal wichtige Fachbegriffe erörtert und den einzelnen Netzwerktypen zugeordnet.

© Springer Fachmedien Wiesbaden GmbH, ein Teil von
Springer Nature 2022
D. Sonnet, *Neuronale Netze kompakt,* IT kompakt,
https://doi.org/10.1007/978-3-658-29081-8_2

2.1 Ein kompakter historischer Abriss

2.1.1 Der Start: das Perceptron

Frank Rosenblatt gilt als Erschaffer des ersten Neuronalen Netzes. Er stellte sein Konzept 1958, in dem viel beachteten Aufsatz „The perceptron: A probabilistic model for information storage and organization in the brain" [40] vor. Die Informatik als eigenständige Wissenschaft, wie wir sie heute kennen, existierte im Jahr 1958 noch nicht. Frank Rosenblatt war Psychologe, und er beschäftigte sich mit der Fragestellung, wie die Wahrnehmungserkennung bei höheren Organismen funktioniert. In diesem Zusammenhang stellte er sich die Fragen, wie Organismen Information speichern und ob gespeicherte Informationen das Erkennen von Gegenständen beeinflussen. Er ging den Fragen nach, ob Gesehenes im Gehirn gespeichert wird und ob die dann gespeicherten Informationen zur Wiedererkennung genutzt werden. Rosenblatt entschied sich, mittels eines Computers das (menschliche) Auge und Teile des Gehirns nachzubilden. Im Rahmen seiner Überlegungen prägte er den Begriff des Perzeptrons (engl. Perceptron), bei dem er ein Modell vorstellte, das einen Input über die Netzhaut (Retina) aufnehmen konnte und einen Output errechnete. Es werden hier nicht Rosenblatts (psychologische und physiologische) Originalüberlegungen wiedergegeben. Für interessierte Leser*innen sei jedoch [40] empfohlen. In Anlehnung an Rosenblatt ist ein einfaches Perzeptron ein Neuronales Netz, welches aus einem Neuron besteht. Dieses Neuron erhält Eingabewerte (Inputs) und kann einen Ausgabewert (Output) ausgeben. Ein konkretes Beispiel ist in Abb. 2.1 visualisiert.

Das dargestellt Perzeptron aus Abb. 2.1 erwartet zwei Inputs, die mit den Variablen x_1 und x_2 abgekürzt werden. Diese beiden Werte werden mit den Gewichten w_1 und w_2 jeweils multipliziert, und anschließend wird alles summiert. Wenn die gewichtete Summe nun größer als ein definierter Schwellenwert θ ist (bitte beachten, das ist eine Variable in Form eines griechischen Thetas θ und keine 0), soll das Neuron eine 1 als Output ausgeben, andernfalls eine 0.

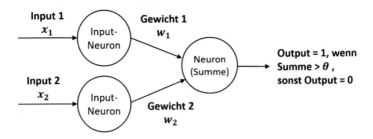

Abb. 2.1 Erstes Perzeptron

In einer Formel könnte man das wie folgt festhalten:

$$\text{Output} = 1, \text{ wenn } x_1 w_1 + x_2 w_2 > \theta, \text{ sonst Output} = 0.$$
$$(2.1)$$

Schauen wir uns ein kurzes Rechenbeispiel an. Die Gewichte werden willkürlich wie folgt gewählt: $w_1 = 0{,}5$ und $w_2 = -0{,}4$. Der Schwellenwert wird willkürlich auf $\theta = 0{,}3$ gesetzt. Das nun (willkürlich) konfigurierte Netze kann nun zu beliebigen Inputs Outputs berechnen. Betrachten wir zum Beispiel die Inputs $x_1 = 1$ und $x_2 = 0$. Es würde berechnet:

$$1 \cdot 0{,}5 + 0 \cdot (-0{,}4) = 0{,}5 > 0{,}3 = \theta \qquad (2.2)$$

und anschließend gefolgert, dass das Netz den Output = 1 ausgibt. Es sei deutlich darauf hingewiesen, dass die willkürliche Festlegung von w_1, w_2 und θ den Output maßgeblich determiniert. Wenn w_1, w_2 und θ anpassbar sind, kann das Perzeptron dann nicht dazu gebracht werden, zu dem gegebenen Input $x_1 = 1$, $x_2 = 0$ z. B. den gewünschten Output = 0 zu realisieren? Wir stellen uns hiermit offiziell die Frage, ob ein Perzeptron trainierbar ist. Schon wenn man z. B. nur das erste Gewicht auf $w_1 = 0{,}2$ verändert, führt dies zum gewünschten Output = 0, da

$$1 \cdot 0{,}2 + 0 \cdot (-0{,}4) = 0{,}2 < \theta = 0{,}3 \rightarrow \text{ Output} = 0.$$

Das letzte Beispiel motiviert, und es stellt sich die Frage, ob ein Perzeptron nun beliebige Input-Output-Kombinationen durch die Adjustierung von w_1, w_2 und θ erlernen kann. Oder anders formuliert, ist ein Perzeptron auf die Wiedergabe beliebiger Input-Output-Kombinationen trainierbar? Tab. 2.1 enthält zur Illustration dieser Überlegung vier Datenbeispiele (gemeint sind die Zeilen eines Datensatzes). Da zu jedem Beispiel ein gewünschter Output feststeht, wird von gelabelten Daten gesprochen.

Tab. 2.1 enthält bereits neben den Inputs und den gewünschten Outputs, die ebenfalls berechneten Netzoutputs und Fehler. Die berechneten Outputs wurden analog zu Formel (2.2) für die vier Zeilen ermittelt. Beispielsweise wurde für den zweiten Datensatz mit $x_1 = 0$, $x_2 = 1$ der Netzoutput mittels

$$0,5 \cdot 0 + 1 \cdot -0,4 = -0,4 < \theta = 0,3 \rightarrow \text{Output} = 0$$

berechnet.

Die ausgewiesenen Fehler in Tab. 2.1 sind gemäß

$$\text{Fehler} = \text{gewünschter Output} - \text{berechneter Netzoutput} \qquad (2.3)$$

berechnet.

Die letzte Spalte in Tab. 2.1 weist einen Fehler in Bezug auf die Erlernung des vierten Datensatzes auf. Wie müssen die Gewichte $w_1 = 0,5$, $w_2 = -0,4$ und den Schwellenwert $\theta = 0,3$ anpassen. Manuelles Optimieren über die drei Variablen w_1, w_2 und θ, bietet viele Freiheitsgrade und kann sich wie das Jonglieren mit

Tab. 2.1 Gelabelte Daten für das Perzeptron aus Abb. 2.1 samt Berechnungen für $w_1 = 0,5$, $w_2 = -0,4$ und $\theta = 0,3$

Nr.	x_1	x_2	Gewünschter Output	Berechneter Netzoutput	Fehler
1	0	0	0	0	0
2	0	1	0	0	0
3	1	0	1	1	0
4	1	1	1	0	1

drei Bällen anfühlen. Es ist jedoch durchaus sinnvoll, zunächst auszuprobieren, um zu verstehen, wie sich ein Problem verhält. Darum werden die Parameter w_1, w_2 und θ (willkürlich) auf $w_1 = 0,2$, $w_2 = -0,2$ und $\theta = 0,2$ geändert. Das Ergebnis ist in Tab. 2.2 dargestellt.

Da nun zwei Zeilen in Tab. 2.2 einen Fehler von 1 ausweisen, hat die willkürliche Veränderung von w_1, w_2 und θ keine Verbesserung, sondern eine Verschlechterung bewirkt.

Das Ziel kann darum nur die *systematische* Veränderung von w_1, w_2 und θ derart sein, dass alle vier Zeilen der Tabelle bestenfalls einen Fehler von 0 aufweisen. Zu diesem Zweck wurde die sogenannte Perzeptron-Lernregel (Perceptron Convergence Procedure) von Rosenblatt entwickelt. Sie ist z. B. in [36] beschrieben. Sie lautet wie folgt:

1. Kleine und zufällig gewählte Startwerte für w_1, w_2 und θ werden bestimmt.
2. Für den ersten Datensatz (erste Zeile) wird der Fehler berechnet.
3. Wenn Fehler = 0, passe w_1 und w_2 nicht an.
4. Wenn Fehler = 1, erhöhe w_1 und w_2.
5. Wenn Fehler = -1, verringere w_1 und w_2.
6. Berechne den Fehler für den nächsten Datensatz und gehe zu Schritt 3.

Für die gerade skizzierte Perzeptron-Regel ist noch zu klären, wie eine Erhöhung oder eine Verringerung der Parameter in den

Tab. 2.2 Berechnungen für das Perzeptron aus Abb. 2.1 mit den Parametern $w_1 = 0,2$, $w_2 = -0,2$ und $\theta = 0,2$

Nr.	x_1	x_2	Gewünschter Output	Berechneter Netzoutput	Fehler
1	0	0	0	0	0
2	0	1	0	0	0
3	1	0	1	0	1
4	1	1	1	0	1

Schritten 4. und 5. zu realisieren ist. Für den Moment legen wir (wieder willkürlich) fest, dass die Veränderung von w_1 und w_2 jeweils 0,15 betragen soll.

Gehen wir zurück zur Tab. 2.1 und wenden die Perzeptron-Lernregel an. Microsoft Excel ist ein gutes Werkzeug, um die benötigten Schritte zu berechnen. Aus Tab. 2.1 wird deutlich, dass in den ersten drei Schritten keine Anpassung der Gewichte stattfinden muss, da Fehler = 0. Erst im vierten Datensatz wird Fehler = 1 ausgewiesen, was gemäß Lernregel zu einer Erhöhung von 0,15 von w_1 und w_2 führt. Nach der Iteration über alle vier Datensätze ist die erste Runde abgeschlossen. Es wird in diesem Zusammenhang auch von dem Abschluss einer Epoche gesprochen. Das Ergebnis der ersten Epoche ist in Abb. 2.2 (oberer Teil) visualisiert.

In der zweiten Epoche gilt nun $w_1 = 0,5 + 0,15 = 0,65$ und $w_2 = -0,4 + 0,15 = -0,25$. Dies bewirkt, dass zu jedem Datensatz der Fehler = 0 errechnet wird und zu allen vier Datensätzen keine weitere Anpassung der Gewichte benötigt wird, siehe unterer Teil von Abb. 2.2. Das Verfahren ist somit beendet.

Runde (Epoche) 1

Nr.	x1	x2	w1	w2	Gewichtete Summe	Schwellen- wert	Berechneter Output	Gewünschter Output	Fehler	Anpassung Gewichte?
1	0	0	0,5	-0,4	0	0,3	0	0	0	nein
2	0	1	0,5	-0,4	-0,4	0,3	0	0	0	nein
3	1	0	0,5	-0,4	0,5	0,3	1	1	0	nein
4	1	1	0,5	-0,4	0,1	0,3	0	1	1	ja, erhöhe um 0,15

Runde (Epoche) 2

Nr.	x1	x2	w1	w2	Gewichtete Summe	Schwellen- wert	Berechneter Output	Gewünschter Output	Fehler	Anpassung Gewichte?
1	0	0	0,65	-0,25	0	0,3	0	0	0	nein
2	0	1	0,65	-0,25	-0,25	0,3	0	0	0	nein
3	1	0	0,65	-0,25	0,65	0,3	1	1	0	nein
4	1	1	0,65	-0,25	0,4	0,3	1	1	0	nein

Abb. 2.2 Iteration Gewichte gemäß Perzeptron-Lernregel

Man könnte den Standpunkt vertreten, dass das Perzeptron
mit den nun aktuellen Gewichten den Zusammenhang zwischen Input und gewünschtem Output gelernt habe. Erin-
nern wir uns an die Ausführungen und die Illustration in
Abb. 1.4. Das Perzeptron folgt nicht vorgegeben Regeln (was
wir maschinelles Programmieren genannt haben), sondern es
hat auf der Basis von bereitgestellten Daten selbstständig ein
Muster extrahiert. Die Musterextraktion durch den Computer
wird maschinelles Lernen, analog zum menschlichen Lernen
genannt.

Die schnelle Terminierung des Verfahrens weckt die Hoffnung,
dass beliebige Zusammenhänge zwischen In- und Outputwerten
gelernt werden können. Minsky und Papert haben 1969 in ihrem
viel beachteten Buch „Perceptrons" [39] auf grundlegende Limitierungen von Perzeptrons hingewiesen. Ein wichtiges Beispiel, welches die Einschränkungen der einfachen Perzeptrons illustriert, ist
das sogenannte exklusive Oder. Abgekürzt wird es XOR geschrie-
ben, was sich von eXclusive OR ableiten lässt. Exklusive wenn der
Input x_1 ODER der Input x_2 den Wert 1 annimmt, dann soll der
Output 1 sein. Es sei darauf hingewiesen, dass das Wort exklusiv an
dieser Stelle bedeutet, dass der Output = 0 sein soll, wenn $x_1 = 1$
und $x_2 = 1$. Schauen wir uns ein Beispiel an.

Beispiel 2.1 Franz hat zwei Freunde, mit denen er gelegentlich ins
Kino geht. Er geht nur dann ins Kino, wenn einer der Freunde ihn
begleitet. Da jedoch die beiden Freunde sich überhaupt nicht leiden
können, geht Franz niemals mit beiden Freunden gleichzeitig ins
Kino.

Wir bezeichnen mit $x_1 = 0$, dass Freund 1 nicht mit ins Kino
geht, wohingegen $x_1 = 1$ meint, dass Freund 1 mit ins Kino geht.
Analog wird $x_2 = 0$ und $x_2 = 1$ verstanden. Das Freunde-Kino-
Beispiel kann mittels der Tab. 2.3 aufgeschrieben werden. Output
= 1 bezeichnet hier, dass Franz ins Kino geht und Output = 0, dass
er nicht geht.

Tab. 2.3 Wahrheitstabelle XOR

x_1 (Freund 1)	x_2 (Freund 2)	Output (Franz)
0	0	0
1	0	1
0	1	1
1	1	0

Kann ein Perzeptron die Daten aus Tab. 2.3 durch Anpassung seiner Gewichte lernen? Wir starten die Perzeptron-Regel mit $w_1 = 0,5$ und $x_2 = -0,4$ und $\theta = 0,3$ und der Rate der Erhöhung bzw. Verringerung der Gewichte von erneut 0,15. Das Ergebnis des Prozesses ist in Abb. 2.3 zusammengefasst.

Es wird deutlich, dass der Algorithmus nicht in der Lage ist, die Gewichte $w_1 = 0,5$ und $x_2 = -0,4$ derart anzupassen, dass sämtliche Daten der Tab. 2.3 durch das Perzeptron wiedergegeben werden können. Auch eine Iteration über weitere Epochen führt nicht zum Ziel. Abb. 2.3 zeigt deutlich, dass sich die Regel in einer Endlosschleife befindet. Die Gewichte werden zyklisch erhöht, dann verringert, um anschließend wieder erhöht zu werden. Es könnte weiter diskutiert werden, ob andere Startwerte als $w_1 = 0,5$ und $x_2 = -0,4$ oder eine andere Rate der Erhöhung bzw. Es könnte Verringerung der Gewichte der Regel zur Konvergenz bzw. zur Terminierung verhelfen könnten. Die Antwortet lautet, dass keine der vorgeschlagenen Variationen zum Erfolg führen wird. Warum

Epoche	x1	x2	w1	w2	Gewichtete Summe	Schwellen-wert	Berechneter Output	Gewünschter Output	Fehler	Anpassung Gewichte?
1	0	0	0,5	-0,4	0	0,3	0	0	0	nein
	0	1	0,5	-0,4	-0,4	0,3	0	1	1	ja, erhöhe um 0,15
	1	0	0,65	-0,25	0,65	0,3	1	1	0	nein
	1	1	0,65	-0,25	0,4	0,3	1	0	-1	ja, verringere um 0,15
2	0	0	0,5	-0,4	0	0,3	0	0	0	nein
	0	1	0,5	-0,4	-0,4	0,3	0	1	1	ja, erhöhe um 0,15
	1	0	0,65	-0,25	0,65	0,3	1	1	0	nein
	1	1	0,65	-0,25	0,4	0,3	1	0	-1	ja, verringere um 0,15
3	0	0	0,5	-0,4	0	0,3	0	0	0	nein
	0	1	0,5	-0,4	-0,4	0,3	0	1	1	ja, erhöhe um 0,15
	1	0	0,65	-0,25	0,65	0,3	1	1	0	nein
	1	1	0,65	-0,25	0,4	0,3	1	0	-1	ja, verringere um 0,15

Abb. 2.3 Iteration Gewichte über drei Epochen für das XOR-Problem

terminiert die Regel auf den Daten der Tab. 2.1, wohingegen sie auf den Daten aus 2.3 nicht terminiert? Abb. 2.4 vergleicht beide Datensätze noch einmal visuell und liefert die Antwort.

Der linke Teil der Abb. 2.4 visualisiert die Daten aus Tab. 2.1, wohingegen der rechte Teil der Grafik die Daten aus Tab. 2.3 plottet. In dem linken Teil ist es möglich, durch das Ziehen einer einzigen Linie (Linearen) die beiden relevanten Gruppen (Output = 1 oder Output = 0) zu unterscheiden. Im dem rechten Teil der Grafik ist dies nicht möglich. Möchte man die beiden Gruppen separieren, müssen entweder eine nicht lineare Linie oder zwei Linien verwendet werden. Man spricht in diesem Fall davon, dass die beiden Gruppen nicht linear trennbar sind. Ein Perzeptron, so wie in Abb. 2.1 gezeigt, ist lediglich in der Lage, linear trennbare Datensätze zu repräsentieren bzw. zu lernen und scheitert darum an XOR. Ein Beweis für das Scheitern, der durch Widerspruch geführt wird, findet sich zum Beispiel in [36].

Die in 1969 von Minsky und Papert publizierte Erkenntnis der Unfähigkeit z. B. XOR zu erlernen, führte zu der Annahme, dass Perzeptrons keine geeigneten Verfahren seien, um reale Probleme zu lösen. Darüber hinaus genoss das gesamte Thema künstliche Intelligenz zu dieser Zeit keinen guten Ruf. In 1973 wurde der sogenannte Lighthill Report [33] veröffentlicht. Lighthill war vom

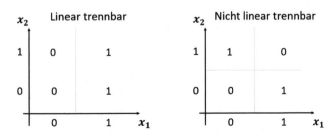

Abb. 2.4 Ein Perzeptron kann nur linear trennbare Daten repräsentieren

britischen Science Research Council[1] beauftragt worden, For-
schungsfortschritte in der künstlichen Intelligenz zu evaluieren.
Lighthills pessimistische Einschätzung führte zu der Kürzung von
Forschungsgeldern, und die Forschung in der KI und insbesondere
um Neuronale Netze verlangsamte sich zu Beginn der 1970er-
Jahre deutlich. Diese Periode wird darum gerne als ein KI-Winter
bezeichnet [21].

Wir werden später sehen, dass größere Neuronale Netze geeignet sein können, auch nicht linear separierbare Probleme zu lösen,
weshalb im nächsten Abschn. 2.1.2 mehrschichtige Netze im Fokus
stehen werden.

2.1.2   Die Weiterentwicklung: mehrschichtige Netze

Im letzten Abschnitt wurde bewusst ohne große Formalisierung
gearbeitet. Die Vermittlung der grundsätzlichen Arbeitsweise eines
Perzeptrons stand im Mittelpunkt. Um die Orientierung bei mehrschichtigen Netze nicht zu verlieren, wir des jedoch unumgänglich
sein, einige wenige formale Begriffe zu klären und festzulegen.

Definition 2.1 Ein Neuronales Netz ist grundsätzlich in Schichten
organisiert. Jedes Netz hat eine Eingabe- und eine Ausgabeschicht.
Schichten zwischen Ein und Ausgabe werden versteckte Schichten
(hidden layers) oder auch verarbeitende Schichten genannt. Jede
Schicht besteht aus Neuronen, und Neuronen sind über sogenannte
Kanten miteinander verbunden.

In Abb. 2.5 ist ein Beispiel für ein mehrschichtiges Neuronales
Netz visualisiert. Neuronale Netze können beliebig viele Neuronen
und beliebige viele versteckte Schichten haben.

Jedes Neuron, ausgenommen die Neuronen in der Eingabeschicht, erhält Eingaben von vorherigen Neuronen. Daraus

---

[1] Dies ist die Vorläuferorganisation des späteren Science and Engineering
Research Council (SERC).

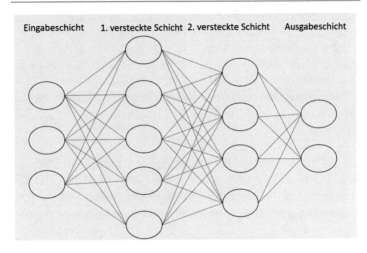

Abb. 2.5 Grundsätzlicher Aufbau eines Neuronalen Netzes

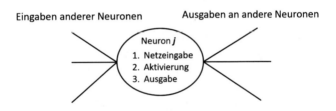

Abb. 2.6 Aufbau eines einzelnen Neurons

ermittelt das Neuron seine Aktivierung und gibt darauf aufbauend ggf. einen Wert aus. Das Vorgehen ist in Abb. 2.6 visualisiert.

Es ist sinnvoll, die Neuronen mit ganzen Zahlen allgemein durchzunummerieren. Aus diesem Grund ist in Abb. 2.6 das Neuron mit dem Buchstaben j versehen, welcher für eine beliebige ganze Zahl $\{1,2,\ldots\}$ steht. Möchte man ein weiteres Neuron und dessen Konstellation zu Neuron j besprechen, wird das weitere Neuron allgemein mit i gekennzeichnet. Wie schon bei der Vorstellung des Perzeptrons, stehen Gewichte auf den Kanten zwischen den Neuronen. Das Gewicht auf der Kante zwischen Neuron i und j wird hier mit $w_{i,j}$ definiert. Es wird vorsorglich darauf hingewiesen, dass bei der Vorstellung der Backpropagation in Abschn. 2.2.3 ab das Kantengewicht $w_{i,j}$ zwischen Neuron j zu i (also genau umgekehrt) steht.[2] Solange das jedoch nicht explizit erwähnt wird, steht $w_{i,j}$ für das Gewicht zwischen Neuron i und j.

Es existieren diverse Variationen, um Netzeingabe, Aktivierung und Ausgabe zu definieren. Wir konzentrieren uns hier auf die üblichsten Formate.

Beispiel 2.2 Mit R sei die Menge der Vorgängerneuronen von Neuron j bezeichnet. Die Netzeingabe (net_j) für das Neuron j ist definiert als die gewichtete Summe[3] der Outputs seiner Vorgängerneuronen. Es gilt mathematisch formuliert:

$$net_j = \sum_{i \in R} (o_i \cdot w_{i,j}) \tag{2.4}$$

Die mathematische Formulierung ist als Präzisierung gedacht. Sie ist nicht essentiell für das weitere Verständnis.

Die Netzeingabe wird im nächsten Schritt vom Neuron j seiner Aktivierung unterzogen. Der Begriff Aktivierung ist historisch begründet. Es wird hier teilweise auf die Verwandtschaft von Neuronalen Netzen zu biologischen Netzen abgehoben. Generell steckt die Idee dahinter, dass ein Neuron seine Nachfolgeneuronen stimuliert, wenn es selbst hinreichend genug Stimulation von seinen Vorneuronen erfahren hat. Mit anderen Worten soll ein Neuron erst einen Output produzieren, der dann an die nachfolgenden Neuronen (multipliziert mit dem jeweiligen Gewicht) weitergereicht wird, wenn der gewichtete Input des Neurons einen Schwellenwert überschreitet. Zu Illustration nehmen wir ein fiktives Neuron, welches die Nummer 8 habe. Wir nehmen an, es sei der Nachfolger

---

[2] Das hat sich historisch eingeschlichen. Die umgekehrte Notation hat den Vorteil, dass mittels Linearer Algebra die Gewichte in Matrizenschreibweise notiert werden können.

[3] Es gibt andere Konzepte, die Summe ist jedoch das am meisten genutzte Verfahren.

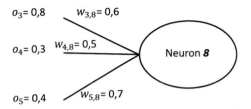

Abb. 2.7 Ermittlung des Aktivierungszustandes für ein einzelnes Neuron

der Neuronen 3, 4 und 5. In Abb. 2.7 ist das Beispielneuron 8 mit Zahlen zu Inputs und Gewichten illustriert.

Die Netzeingabe des Neurons 8 aus Abb. 2.7 wird gemäß Definition 2.2 als

$$net_8 = 0{,}8 \cdot 0{,}6 + 0{,}3 \cdot 0{,}5 + 0{,}4 \cdot 0{,}7 = 0{,}91 \qquad (2.5)$$

errechnet. Um nun die Aktivierung des Neurons 8 zu bestimmen, gibt es mehrere Konzepte. Die üblichsten Methoden in allgemeiner Form für ein Neuron j sind:

1. Die Aktivierung ist identisch mit der Netzeingabe. Mathematisch formuliert gilt:

$$f(net_j) = net_j \qquad (2.6)$$

Ein grafisches Beispiel findet sich in Abb. 2.8.

2. Wenn die Netzeingabe einen definierten Schwellenwert θ überschreitet, dann ist die Aktivierung 1, andernfalls ist sie 0. Dieses Konzept wurde bereits im Perzeptron (siehe Abschn. 2.1.1) verwendet. Gl. 2.1 beschreibt genau dies. Hier an dieser Stelle wollen wir definieren, dass die Aktivierung = 1 ist, wenn

$$net_j - \theta > 0, \qquad (2.7)$$

andernfalls ist die Aktivierung = 0. Die Aktivierung ist also solange 0, bis die gewichtete Summe (die Netzeingabe) den

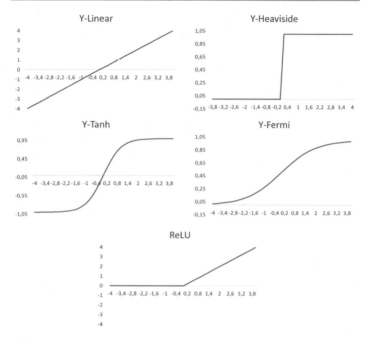

Abb. 2.8 Beispielhafter grafischer Vergleich verschiedener Aktivierungs-funktionen

Schwellenwert überschreitet. Als Funktionsschreibweise würde man schreiben:

$$f(net_j) = \begin{cases} 1, & \text{wenn } net_j - \theta > 0 \\ 0, & \text{sonst} \end{cases} \quad (2.8)$$

Ein typischer Verlauf einer solchen sprunghaften Aktivierungsfunktion, die übrigens Heaviside- oder Treppen-Funktion genannt wird, ist in in Abb. 2.8 zu sehen. Zur Erstellung der Grafik wurde ein Schwellenwert von $\theta = 0$ gewählt. Der Aktivierungszustand wird auf der vertikalen Achse abgelesen.
3. Anstatt den Aktivierungszustand plötzlich nach Erreichen eines bestimmten Schwellenwertes von 0 auf 1 zu setzen, gibt

es auch Konzepte bzw. Aktivierungsfunktionen, die einen flie-
ßenden Übergang vorsehen. Hierbei wird auf das Ergebnis des
Netzinputs eine mathematische Funktion angewendet, um den
Aktivierungsgrad zu bestimmen. In der Literatur werden verschiedene Funktionen für diesen Zweck vorgeschlagen. Häufig anzutreffen sind die sogenannte Fermi-Funktion

$$f(net_j) = \frac{1}{1 + e^{(-net_j)}} \qquad (2.9)$$

sowie der Tangens hyperbolicus

$$f(net_j) = \tanh(net_j) = 1 - \frac{2}{e^{2 \cdot net_j} + 1}. \qquad (2.10)$$

Diese beiden Aktivierungsfunktionen sind exemplarisch ebenfalls in Abb. 2.8 visualisiert.

4. Speziell im Deep Learning (siehe dazu Abschn. 2.1.3) ist die
   sogenannte Rectified Linear Unit beliebt. Diese Aktivierung
   ist definierbar als:

$$f(net_j) = \max(0; net_j) \qquad (2.11)$$

Solang die Netzeingabe negativ ist, gibt ReLU eine 0 aus,
andernfalls linear die positive Netzeingabe. Diese Art der Aktivierung wurde von Hahnloser et al. im Jahr 2000 unter Verweis
auf einen biologischen Bezug vorgeschlagen [16]. Eine exemplarische grafische ReLU-Aktvierung findet sich ebenfalls in
Abb. 2.8.

Fassen wir zusammen: Zur Bestimmung der Aktivierung
des Neurons j wird eine Funktion $f(net_j)$ verwendet. Es
gibt verschiedene Konzepte, fünf typische Beispiele wurden erläutert. Auf die Netzeingabe, die aus der gewichteten
Summe der Outputs der vorherigen Neuronen besteht, wird
die Aktivierungsfunktion angewendet.

Formal ist der Aktivierungszustand a_j des Neurons j damit formulierbar als:

Definition 2.2

$$a_j = f(net_j)$$

Mit der Berechnung der Aktivierung hat ein Neuron jedoch noch nicht umfänglich seine Aufgaben erfüllt. Neuronen erzeugen Outputs und geben diese ggf. über Kanten an ihre Nachfolger weiter. Es bleibt zu klären, was unter dem Output zu verstehen ist. Generell könnte auf den Aktivierungsgrad a_j erneut eine Funktion angewendet werden, die dann den Output eines Neurons angibt. In den meisten Fällen wird darauf jedoch verzichtet. Der Ausgabewert entspricht damit dem Aktivierungszustand des Neurons. Wir definieren deshalb den Output des Neurons j als:

Definition 2.3

$$out_j = a_j$$

Der aufmerksamen Leserin und dem aufmerksamen Leser ist bestimmt nicht entgangen, dass man durchaus aus obigen Ausführungen sofort

$$out_j = f(net_j) \qquad (2.12)$$

schließen kann. Das ist richtig. Im Prinzip wird auf die gewichtete Summe der Outputs der vorherigen Neuronen eine der obigen Aktivierungsfunktionen angewendet, und schon liegt der Output vor. Diese Abkürzung gilt hier sowie in den meisten Praxisfällen. Wir fokussieren uns darum auch auf diesen Fall. Allerdings existieren Variationen in der Literatur, bei denen diese Abkürzung nicht gelten muss, weshalb eine ausführliche Darstellung sinnvoll erscheint.

Der Output eines Neurons j wird wie folgt berechnet:

1. Zunächst wird der gewichtete Input, die Netzeingabe errechnet (net_j).
2. Auf die Eingabe wird eine Aktivierungsfunktion angewendet. Es gibt mehrere Konzepte, die üblichsten Funktionen sind in Abb. 2.8 gezeigt. Durch die Anwendung der Aktivierungsfunktion entsteht der Aktivierungsgrad (a_j) des Neurons.
3. Auf den Aktivierungsgrad wird ggf. eine weitere Funktion angewendet, um den Output (out_j) zu ermitteln. Oft wird auf die Anwendung einer weiteren Funktion jedoch verzichtet, und der Aktivierungsgrad wird unverändert als Output (out_j) ausgegeben.

Greifen wir das Beispiel des 8. Neurons auf. In (2.5) wurde die Netzeingabe als $net_8 = 0{,}91$ berechnet. Unter Verwendung der verschiedenen Aktivierungsfunktionen ergäben sich folgende Outputs:

1. Lineare Aktivierung:

$$out_8 = a_8 = f(0{,}91) = 0{,}91$$

2. Sprunghafte Aktivierung (Heaviside-Funktion) mit z. B. $\theta = 0{,}5$:

$$out_8 = a_8 = f(0{,}91) = 1 \text{ da } 0{,}91 - 0{,}5 = 0{,}41 > 0$$

3. Aktivierung über Fermi-Funktion:

$$out_8 = a_8 = f(0{,}91) = \frac{1}{1 + e^{(-0{,}91)}} = 0{,}982$$

4. Aktivierung über den Tangens hyperbolicus:

$$out_8 = a_8 = f(0{,}91) = \tanh(0{,}91) = 1 - \frac{2}{e^{2 \cdot 0{,}91} + 1} = 0{,}999$$

5. Aktivierung mittels ReLU:

$$out_8 = a_8 = f(0{,}91) = \max(0;\, 0{,}91) = 0{,}91$$

Es wird deutlich, dass die unterschiedlichen Aktivierungsfunktionen verschiedene Outputs generieren können. Nicht jede Aktivierung ist für beliebige Aufgaben geeignet. In der Praxis hat sich bewährt, mit verschiedenen Aktivierungsfunktionen zu experimentieren. Google stellt seinen „Tensorflow Playground" unter https://playground.tensorflow.org zur Verfügung. Tensorflow ist Googles Open Source Framework zur Realisierung von Applikationen des maschinellen Lernens. Speziell Neuronale Netze stehen hier im Fokus. Auf der Webseite https://playground.tensorflow. org wählt man eine zu erlendende Datenmenge, konfiguriert ein Neuronales Netz, indem die Anzahl der versteckten Schichten, die Anzahl verwendeter Neuronen pro Schicht und eine Aktivierungsfunktion gewählt wird. Anschließend kann das Netz trainiert werden – Abb. 2.9 zeigt eine mögliche Grundkonfiguration.

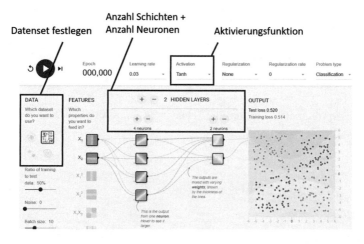

Abb. 2.9 Googles Tensorflows Playground

Fühlen Sie sich bitte ermutigt, selbst auf der angesprochenen Webseite mit unterschiedlichen Datensets, Netzwerkgrößen und Aktivierungsfunktionen zu experimentieren.

Am Ende von Abschn. 2.1.1 ist zusammengefasst, dass größere Neuronale Netze nicht separierbare Probleme, wie z. B. das XOR-Problem, repräsentieren/lösen können. In Abb. 2.10 ist eine Gegenüberstellung der Ergebnisse eines auf dem XOR-Datensatz trainierten Neuronalen Netzes mit zwei versteckten Schichten und insgesamt sechs versteckten Neuronen dargestellt. Der obere Teil der Abbildung zeigt das Ergebnis unter Verwendung einer linearen Neuronenaktivierung, wohingegen der untere Teil das Ergebnis bei einer Aktivierung durch den Tangens Hyperbolicus zeigt.

Es wird deutlich, dass auch ein mehrschichtiges Netz nicht mit jeder Aktivierungsfunktion das XOR-Problem repräsentieren kann. Zwar eine Wiederholung, aber eine Bestätigung des

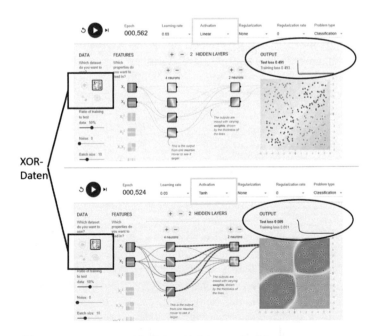

Abb. 2.10 Effekt unterschiedlicher Aktivierungsfunktionen

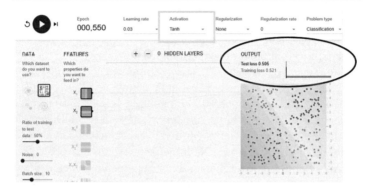

Abb. 2.11 Perzeptron, XOR und Tangens hyperbolicus Aktivierung

bekannten Ergebnisses. Ein Perzeptron (Netz ohne versteckte Schichten) hingegen kann ein XOR-Problem auch dann nicht lösen, selbst wenn eine nicht lineare Aktivierung gewählt würde. Abb. 2.11 zeigt, dass ein Perzeptron auch unter Nutzung einer Aktivierung durch den Tangens hyperbolicus das XOR-Problem nicht repräsentieren kann. Damit XOR repräsentiert werden kann, bedarf es darum eines mehrschichtigen Netzes und einer nicht linearen Aktivierung seiner Neuronen.

> Wir fassen zusammen und präzisieren: Nur ein mehrschichtiges Neuronales Netz, unter der Nutzung einer nicht linearen Aktivierungsfunktion kann das XOR-Problem repräsentieren.

Wir wenden uns noch der Frage zu, wie mehrschichtige Netze dazu gebracht werden können, Daten zu repräsentieren (zu lernen). In Abschn. 2.1 wurde bereits die Perzeptron-Lernregel dargestellt. Das Ziel dieser einfachen Regel war die Adjustierung der Kantengewichte sowie des Schwellenwert. Wir haben dieses das Training des Perzeptrons genannt. Im Jahr 1986 veröffentlichten Rumelhart, Hinton, Williams und Ronald ihr viel beachtetes Paper „Learning representations by back-propagating errors" [41]. Die Autoren demonstrieren die Möglichkeit der Anpassung der

Kanten- und Schwellenwertgewichte durch sogenannte Backpropagation in mehrschichtigen Neuronalen Netzen. Dieser Algorithmus wird in Abschn. 2.2.3 genauer dargestellt. Zunächst wird der kompakte historische Abriss zu Neuronalen Netzen mit einem Abschnitt über Deep Learning, dem heutigen Status Quo, zunächst vollendet.

2.1.3 Heutiger Status Quo: Deep Learning

Der Begriff Deep Learning wurde im Jahr 2000 im Buch „Multi-Valued and Universal Binary Neurons: Theory, Learning and Applications" [1] von den Autoren Aizenberg et al. für tiefschichtige Neuronale Netze verwendet. Allerdings sind sie nicht die ersten Autoren, die tiefschichtige Neuronale Netze trainiert haben. Es gibt einige dokumentierte Beispiele, in denen bereits vor dem Jahr 2000 tiefe Neuronale Netze trainiert wurden, in denen dies jedoch nicht als Deep Learning bezeichnet wurde. Ein Beispiel ist der Aufsatz „Backpropagation Applied to Handwritten Zip Code Recognition" [30] von LeCun et al. aus dem Jahr 1989. Deep Learning steht heute für viele Menschen synonym für Neuronale Netze. Einige Autoren sind beispielsweise schon dazu übergegangen, Deep Learning als den Standard anzusehen. Wenn sie explizit herausarbeiten möchten, dass ein verwendetes Netz erwähnenswert klein ist, dann benutzen sie den Begriff „Shallow Network" (deutsch: seichtes Netzwerk). Das Deep Learning stellt somit den heutigen Status Quo im Themengebiet Neuronale Netze dar. In Abschn. 2.3 werden verschiedene Netzwerktypen thematisiert. Deep Learning ist nicht auf eine Auswahl bestimmter Netzwerktypen festgelegt. Prinzipiell kann fast jeder Netzwerktyp als tiefschichtiges Netzwerk konzipiert werden und dann die Bezeichnung Deep Learning tragen. Deep Learning kann weiter im Bereich das Supervised Learnings als auch im Unsupervised Learnings eingesetzt werden. Dies ist ein großer Vorteil, da in der Praxis viele ungelabelte Daten existieren, die sich nur für das Unsupervised Training eignen. Deep Learning wird des Weiteren im bestärkenden Lernen (engl. Reinforcement Learning) eingesetzt werden. Allerdings wird das Themengebiet des bestärkenden Lernens in diesem Buch nicht behandelt,

weshalb die Möglichkeiten des Deep Learnings für dieses spezielle
Gebiet nicht vertieft werden.

Das Feld des Deep Learnings verfügt über eine große Strahlkraft, und es besitzt eine vitale Forschungsgemeinschaft, die es
fortwährend weiterentwickelt. Diesem spannenden Gebiet sind
bereits eigene umfangreiche Bücher gewidmet. Ein eigenes Buch
ist die Voraussetzung, um das Thema facettenreich darstellen zu
können.[4] Das Anliegen dieses Abschnitts ist es, eine intuitive Einführung in das Gebiet zu geben, ohne sich jedoch in Details zu
verlieren.

Schauen wir zunächst auf ein paar (wenige) Beispiele, welche
das immense Leistung- und Einsatzspektrum des Deep Learnings
illustrieren. De et al. trainieren z. B. ein Netzwerk mit vier versteckten Schichten auf historischen Instagramdaten mit dem Ziel,
die Popularität von zukünftigen Postings eines indischen Lifestyle
Magazins vorherzusagen. Das Netzwerk erreicht eine Genauigkeit
[10] von 88 % im Durchschnitt. Es wird keine Bemerkung zum
Praxisalltag des Netzes gemacht. Es erscheint jedoch plausibel,
dass ein gut prognostizierendes Netzwerk dem Magazin ggf. helfen kann, populärere Postings abzusetzen. Weiter bleibt ebenfalls
die Frage offen, wie sich das ganz Ökosystem auf Instagram um
das Magazin verändern wird, wenn das Magazin nun ausschließlich vermeidlich populäre Postings veröffentlichen wird. Welche
Selektion hier getroffen wird und ob ggf. nur noch einseitige The-
menberichterstattung stattfinden könnte, wird nicht im Aufsatz thematisiert.

Ein völlig anderes Problem adressieren die Autoren Kleanthous
und Chatzis. Sie stellen heraus, dass Steuerprüfungen und insbesondere Umsatzsteuerprüfungen für Behörden zeitintensiv sind.
Am liebsten würden Behörden aus diesem Grund vorher abschät-
zen können, ob die Prüfung zu einer Nachzahlung und damit zu
Einkommen für den Staat führen wird. Die beiden Autoren trainieren zu diesem Zweck auf Steuerdaten aus Zypern ein tiefes

---

[4] Eine erste schnell lesbare Einführung mit vielen praktischen Übungen, die
ohne Programmierkenntnisse zu bewältigen sind, bietet zum Beispiel Kap. 10
aus [27].

Neuronales Netz. Gemäß ihrer Aussagen kann das Neuronale Netz mit einer Genauigkeit von bis zu 76 % vorhersagen, ob eine Umsatzsteuerprüfung zu einem Steuerertrag führen wird [25]. Es bleibt naturgemäß offen, wie das Netz langfristig im Einsatz einer Steuerbehörde funktioniert. Es kann vermutet werden, dass die Steuerpflichtigen, sobald sie Kenntnis erlagen, dass die Behörden eine solche Technologie einsetzen, versuchen werden, so unauffällig wie möglich für das Netz zu agieren. Das ist selbstverständlich für Externe sehr schwierig. Allerdings sollte es bei den Behörden beachtet werden und darum das Netz auf regelmäßiger Basis erneut trainiert werden.

Eine beeindruckende Leistung präsentieren Granter et al. in dem Paper „AlphaGo, Deep Learning, and the Future of the Human Microscopist" [14] mit ihrem Neuronalen Netz, welches im März 2016 einen der besten Go-Spieler Lee Se-dol der damaligen Welt bezwang. Sie trainierten ein Netz, welches die Google- Cloud-Platform sowie die Google-TensorFlow-Bibliotheken für Neuronale Netze verwendet. Das Netz wurde in das Computerprogramm AlphaGo integriert, welches unter Turnierbedingungen und ohne Handicaps selbstständig Go spielen kann. Die Autoren beschreiben, dass die Regeln für Go sehr einfach seien. Beide Spieler*innen setzen abwechselnd weiße und schwarze Steine, die anschliessend nicht mehr bewegt werden dürfen. Das Ziel ist die Abtrennung möglichst großer Areale auf dem Spielfeld mit den eigenen Spielsteinen. Das Spiel ist einfach zu erlernen, jedoch komplex in der Spielführung. Nach nur einem Zug von beiden Parteien ergeben sich beispielsweise bei Go 130.000 weitere mögliche Spielszenarien für den nächsten Zug, wohingegen es beim Schach lediglich 400 sind. Für einen Computer ist es bei Schach somit deutlich effizienter möglich, den nächsten eigenen Schachzug zu berechnen. Das erste Match zwischen Lee Se-dol und AlphaGo kann z. B. unter www.youtube.com/watch?v=vFr3K2DORc8 angeschaut werden. Es ist interessant, die Reaktionen der Entwickler zu beobachten. AlphaGo scheint Züge bzw. Spielstrategien zu wählen, die für menschliche Spieler nicht immer intuitiv nachvollziehbar sind, am Ende jedoch den Sieg herbeiführen. Dies ist durchaus eine gängige Erkenntnis, dass maschinell trainierte Systeme andere Problemlösungsstrategien wählen können als der Mensch.

Ein Netz entwickelt von Google AI wird im Natureartikel „It will change everything': DeepMind's AI makes gigantic leap in solving protein structures"vorgestellt. Es wird beschrieben [5], dass das Netz in der Lage ist, die Struktur von Proteinen auf der Basis von Aminosäuresequenzen vorherzusagen. Das Problem ist nicht neu, jedoch bis zu diesem Zeitpunkt nicht hinreichend akkurat gelöst worden. Die verbesserten Prognose des Deep Learnings könnte in der Zukunft helfen Bausteine der Zellen besser zu verstehen, um daraus abgeleitet, wirksamere Medikamente zu entwickeln. In dem Artikel sind große Hoffnungen formuliert.

Diese willkürlich gewählten Beispiele aus den Bereichen Socialmediapostingoptimierung, Unterstützung von Steuerprüfungen, Go-Spielen sowie die Proteinstrukturvorhersage demonstrieren die universelle Verwendbarkeit des Deep Learnings. Die Auswahl der Beispiele erklärt jedoch noch nicht, warum es in den letzten Jahren einen Trend zu tieferen Netzstrukturen gegeben hat. Ein maßgeblicher Grund ist die Art und Weise, wie es tiefschichtigen Neuronalen Netzen möglich ist, Informationen zu speichern. Dazu ist es hilfreich, sich zu vergegenwärtigen, dass abstrakte und streng formalisierte Aufgaben für einen Computer schnell zu lösen sind, wohingegen Menschen sich durchaus mit ihnen schwer tun. In [12] wird von den Autoren Goodfellow et al. ein illustrativer Vergleich gezogen. Das Spiel Schach folgt strengen formalen, aber zum Teil für den Menschen abstrakten Regeln. Das Anwenden eines großen komplexen Regelwerks ist seit vielen Jahrzehnten eine Stärke von Computern. In Regelbasen werden sämtliche Formalismen erfasst, die dann gemäß einer definierten Logik angewendet werden können. So analysiert IBM z. B. vor 1997 vollständig alle öffentlich verfügbaren Partien des Schachgroßmeisters Kasparow und erschuf daraufhin eine Regelbasis, die in dem Schachcomputer Deep Blue zum Einsatz kamen. Deep Blue schlug in einer Serie den Großmeister Kasparow im Jahr 1997. Das Behalten und Anwenden einer großen Regelmenge überfordert in der Regel schnell uns Menschen, für einen Computer ist dies eine leichte Aufgabe. Wir nehmen auf der anderen Seite jedoch in unserem täglichen Leben erfolgreich große Mengen an unstrukturierten Informationen auf. Viele dieser Informationen sind subjektiv und aus diesem Grund kaum mit formalen Methoden zu beschreiben, was es sehr schwierig macht, dieses Wissen einem Computer zugänglich zu machen. Das hier Gesagte ist eine alternative Darstellung des Vergleichs der Programmierung klassischer Software und des Lernverhaltens des Menschen wie dargestellt in Abb. 1.4.

Die große Herausforderung des maschinellen Lernens ist somit das nicht formalisierte Wissen, was Menschen quasi mühelos aufnehmen, auch einem Computer zugänglich zu machen. Es wurde bereits ausgeführt, dass es keine Alternative ist, dem Computer immer größere hart kodierte Regelbasen zur Verfügung zu stellen. Der Schlüssel ist hierbei, den Computer in die Situation zu versetzen, dass er selbstständig das für die angefragte Aufgabe beste Muster aus den bereitgestellten Daten extrahieren kann, damit er dieses Muster anschließend auf neue Daten anwenden kann. In vielen Fällen kann die selbstständige Akquise von Mustern bereits mit einfachen Mitteln vollzogen werden.

Seit vielen Jahren wird z. B. Naive Bayes, ein vergleichbar einfaches Verfahren des maschinellen Lernens, welches hier nicht vorgestellt wird, zur Mustererkennung eingesetzt, ob E-Mails einer Inbox als Spam zu klassifizieren sind. Verschiedene Naive-Bayes-Ansätze werden z. B. in [38] verglichen.

Neuronale Netze und speziell das Deep Learning gehören eher zu den elaborierten Verfahren des maschinellen Lernens. Dennoch verfolgen auch sie das Ziel, Computer in die Lage zu versetzen, selbstständig aus Daten Wissen gewinnen zu können. Es wird weiter in [12] ausgeführt, dass die Auswahl der richtigen Daten bzw. die Auswahl der richtigen Variablen/Faktoren aus einem Datenset für jedes Verfahren des maschinellen Lernens zentral ist. Dieser Umstand wird auf In Abschn. 3.2 wird noch detaillierter diskutiert. Für den Moment akzeptieren wir, dass es ggf. schwierig ist zu wissen, welche Datenauswahl für das Training eines Verfahren des maschinellen Lernens das passendste ist. Erstrebenswert ist die Menge an Variablen/Faktoren (engl. factors of variation) zu identifizieren, welche die beste Erklärung der Daten

ermöglicht. Die „Faktoren" sind dabei in den meisten Fällen unabhängig von einander. Dies bedeutet, dass die Veränderung eines
Faktors keine Veränderung der Werte eines anderen Faktors impli-
ziert. Allerdings sind die richtigen Variablen/Faktoren nicht in
jedem Fall direkt beobachtbar und speicherbar. Im obigen Beispiel wurde die Klassifikation von E-Mail-Spam angesprochen.
Beobachtbare Variablen/Faktoren sind z. B. der Inhalt einer Mail,
die sendende Domain bzw. sendende IP, Anhänge an eine Mail,
Links in E-Mails etc. Als Beispiel für einen unbeobachtbaren Fak-
tor kann die hinter der beobachteten IP versteckte richtige IP des
Senders genannt werden. Bei den beobachtbaren Faktoren kann es
durchaus auf kleine Nuancen ankommen, ob ein Mail als Spam
anzusehen ist oder nicht. Die Repräsentation solcher Daten durch
ihre Variablen/Faktoren kann darum ggf. sehr komplex sein. In diesem Kontext bietet das Deep Learning mit seinen tiefen Schichten
eine interessante Option. Tiefschichtige Netze sind in der Lage, die
Repräsentation komplexer Daten mittels ihrer Schichten zu übernehmen. Jede Schicht ist für sich nicht besonders komplex, da sie
lediglich auf einen Teilrepräsentation der Daten abstellt. Das Netz
kann so jedoch über die Summe ihrer einzelnen Repräsentationen-
Schichten komplexe Daten repräsentieren.

Ein Versuch der visuellen Darstellung der Repräsentanz komplexer Datenzusammenhänge durch Neuronale Netze ist in
Abb. 2.12 unternommen. Das fiktive Netz hat die Aufgabe, Objekte
auf Fotos zu klassifizieren. Zunächst wurden darum Fotos, die entweder eine Palme, eine Person oder einen Kürbis zeigen können,
als Trainingsdaten in Bilddaten (Pixelwerte) übersetzt und dann
dem Netz zum Training übergeben. Es ist für das Netz nicht trivial,
sich aus einer Menge von Pixelwerten nun auf die Erkennung des
richtigen Objektes zu trainieren. Wie oben argumentiert, kann die
Datenstruktur der Trainingsdaten aufgrund der Repräsentations-
problematik mittels Variablen/Faktoren durchaus komplex sein.

Oder anders formuliert, es ist komplex, direkt eingehenden
Pixelwerten das richtige Objekt (Palme, Person oder Kürbis) zuzu-
ordnen. Deep Learning löst dieses Problem, indem es die komplexe Zuordnungsaufgabe über versteckte Schichten ausführt. Die
Gesamtzuordnung wird durch die Hintereinanderausführung
einer Reihe von einfachen, aber ineinander verschachtelten

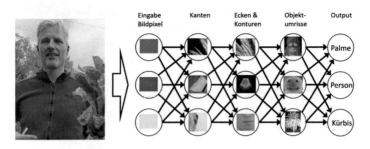

Abb. 2.12 Speicherung von Informationen in Schichten eines Deep-Learning-Netzes. (Grafik inspiriert durch [50] und erstellt in Anlehnung an [12])

Ausführungen realisiert. Jede Schicht des Netzwerks wird quasi mit der Erkennung eines Beschreibungsmerkmals der Trainingsbilder (Trainingspixel) beauftragt. Aus dem rechten Teil der Abb. 2.12 wird deutlich, dass die dem Netz zugeführten Trainingsdaten dazu geführt haben, dass das Netz in der ersten verborgenen Schicht das Merkmal „Kanten" lernt. Das wird dem Netz ermöglicht, indem es ausgehend von den eingehenden Pixelwerten durch die Inputschicht die Helligkeit der Pixel mit den Werten der benachbarten Pixel vergleicht. Ausgehend von den beschriebenen Kanten der ersten Schicht detektiert die zweite verborgene Schicht darauf aufbauend „Ecken und Konturen ". Die dritte, nicht sichtbare Schicht kann aus den an sie weitergeleiteten Ecken- und Kanteninformationen ganze „Objektumrisse" erkennen, indem sie bestimmte Konstellationen von Konturen und Ecken ausfindig macht. Schlussendlich werden die erkannten Objektumrisse in der Übergabe an die Outputschicht genutzt, um auf ein konkretes Objekt (Palme, Person oder Kürbis) zu schließen.

Das fertig trainierte Netz ist anschließend in der Lage, ein neues Bild[5] (linker Teil von Abschn. 2.2.1) zu klassifizieren. Dabei wird das Bild in Pixelwerte zerlegt, maschinell lesbar gemacht und dann

---

[5] Das Bild bedarf keiner Urheberrechtsangabe, da es den Autor dieses Buches bei der Mangoldernte zeigt.

durch die spezialisierten Schichten geschickt und somit das Objekt
Person auf dem Bild erkannt. Es muss betont werden, dass das
in der Abbildung gezeigte Beispiel ein konstruiertes, spezifisches
Beispiel darstellt. Ein Neuronales Netz, welches mit der Erkennung von z. B. menschlichen Stimmen beauftragt wird, könnte
ganz andere individuelle Merkmale auf den einzelnen Schichten
trainieren. Die hier gezeigten Merkmale Kanten, Ecken und Konturen sowie Objektumrisse würden wahrscheinlich nicht verwendet.

> Allen Deep-Learning-Netzwerken ist jedoch gemein, dass
> sie die komplexe Zuordnung von Inputdaten zu gewünschten
> Outputs durch die Verschachtelung von einfacheren Zuord-
> nungen über ihre versteckten Schichten realisieren.

Hinton, der zusammen mit anderen Autoren bereits in [41] den
wichtigen Backpropagation-Algorithmus[6] vorschlug, veröffentlichte im Jahr 2006 zusammen mit Salakhutdinov einen Artikel
[18], in dem sie demonstrieren, dass Inputdaten mit vielen verschiedenen Variablen durch tiefschichtige Netze reduziert bzw.
decodiert werden können. Mit anderen Worten kann ein Deep-
Learning-Netz das oben skizzierte Datenrepräsentationsproblem
mildern bzw. ggf. beseitigen. Diese Erkenntnis spricht sehr für
den Einsatz von Deep Learning in der Praxis, da die Auswahl der
richtigen Variablen eine große Hürde darstellen kann. Hinton und
Salakhutdinov vergleichen ihren Ansatz mit klassischen Verfahren,
wie z. B. der Hauptkomponentenanalyse (engl. Principal Compo-
nent Analysis, kurz PCA). Sie kommen zu der Erkenntnis, dass ihr
Netz deutlich besser Ergebnisse als die Hauptkomponentenanalyse
liefert. Die Einsatzmöglichkeiten dieser Erkenntnis aus dem Jahr
2006 sind weitreichend, da eine geschickte Reduktion von Daten
die Prognoseleistung anderer Verfahren des maschinellen Lernens
begünstigen kann. Hinton und Salakhutdinov zeigen somit, dass
Deep Learning nicht nur als reine Lerneinheit zu sehen ist, sondern
auch Aufgaben aus der Datenaufbereitung übernehmen kann.

---

[6] Dieser Algorithmus wird in Abschn. 2.2.3 dargestellt.

Neuronale Netze werden in Klassen bzw. Typen unterschieden, je nachdem, welche Topologie (die Art des Aufbaus des Netzes aus Neuronen) und welche Verbindungsart zwischen den Neuronen eingesetzt werden. Bis Dato haben wir uns auf sogenannten Feedforward-Netze konzentriert. Hier ist der Informationsfluss eindeutig immer von der Inputschicht hin zur Outputschicht. Es gibt zu keinen Zeitpunkt ein Rückfluss von Informationen auf Neuronen der gleichen Ebene oder einer davorliegenden Schicht. Wir werden uns zunächst weiter auf diesen Typ fokussieren. Für diese Netztypen werden in der Literatur unterschiedliche Trainingsverfahren vorgestellt. In Unterkapitel zum Perzeptron 2.1.1 wurde bereits die Perzeptron-Lernregel vorgestellt. Im nächsten Abschnitt werden nun weitere wichtige Trainingsalgorithmen für Feedforward-Netze vorgestellt.

2.2 Auswahl einiger Lern- bzw. Trainingsalgorithmen

Das Training eines Neuronalen Netzes kann auf verschiedene Arten vollzogen werden. Übliche Verfahren zielen auf diese Aspekte ab:

1. Etablierung neuer Verbindungen (Kanten) zwischen existierenden Neuronen,
2. Löschung von Kanten zwischen vorhandenen Neuronen,
3. Hinzufügung neuer Neuronen,
4. Löschen bekannter Neuronen,
5. Variation von Netzeingabe-, Aktivierungs- und/oder Ausgabefunktion eines Neurons i,
6. Anpassung des Kantengewichts $w_{i,j}$ von existierenden Verbindungen zwischen Neuron i und j,
7. Veränderung der Schwellenwerte θ_j von bestehenden Neuronen,

Von den genannten Alternativen können generell alle Strategien einzeln oder auch in Kombination angewendet werden. Die beiden letzten Verfahren sind jedoch die am meisten anzutreffenden Methoden in der Praxis, um Neuronale Netze zu trainieren. Die ersten beiden Alternativen können auch dadurch realisiert werden, dass für 1. ein Kantengewicht von $w_{i,j} \neq 0$ zwischen den Neuronen i und j gesetzt wird. Bei 2. wird das entsprechende Kantengewicht auf $w_{i,j} = 0$ gesetzt. Insofern ist die Realisierung von Option 1 und 2 implizit durch Ausübung von Option 6 möglich.

2.2.1 Hebb'sche Regel

Die Hebb'sche Regel ist nach dem Psychologen Donald Olding Hebb benannt. Hebb beschreibt in seinem Buch „The Organization of Behavior" im Jahr 1949 eine Regel zur Anpassung des Gewichts $\Delta w_{i,j}$ zwischen den Neuronen a_i und a_j. Das Buch ist seit den 1960er-Jahren nicht mehr käuflich. Eine Alternative mit vielen Anwendungen ist seit 2005 unter gleichem Titel verfügbar [17].

Hebb orientiert seine Lernregel an dem biologischen Bild, bei dem je häufiger zwei Neuronen aktiv sind, umso wahrscheinlicher die beiden vernetzten Neuronen aufeinander reagieren werden. In diesem Kontext hat sich ein berühmter Spruch etabliert: „What fires together, wires together."

Zur Illustration könnte man ein Neuronales Netz bildlich als Straßennetz auffassen. In diesem Vergleich stehen die Kanten zwischen den Neuronen für Straßen und die Neuronen für Gabelungen. Es erscheint sinnvoll, diejenigen Straßen zu mehrspurigen (Schnell-) Straßen auszubauen, die stärker frequentiert werden als andere. Zurückübersetzt für Neuronale Netze bedeutet dies, dass das existierende Kantengewicht zwischen zwei Neuronen i und j verändert wird, wenn beide Neuronen gleichzeitig aktiv sind. Die tatsächliche Gewichtsanpassung (die Änderung der Verbindungsstärke) $\Delta w_{i,j}$ findet anhand dreier Faktoren statt. Zum ersten wird eine

Lernrate η, zum zweiten die Aktivierung von Neuron i a_i und zum Dritten die Aktivierung a_j von Neuron j, welches mit Neuron i verbunden ist verwendet. Mathematisch ist die Regel nun sehr einfach formulierbar. Es gilt für die Anpassung des Gewichts:

$$\Delta w_{i,j} = \eta \cdot a_i \cdot a_j \qquad (2.13)$$

In Formel (2.13) ist die Lernrate geeignet, η zu wählen. Da die Aktivierungen a_i und a_j durch das Netz gegeben sind, ist die Lernregel unmittelbar anwendbar. Die Regel wie in (2.13) formuliert, setzt keine gelabelten Lerndaten voraus. Darum kann die Regel sowohl für das Supervised als auch das Unsupervised Learning eingesetzt werden. Als Beispiel schauen wir uns die Regel einmal in einem Unsupervised Verfahren an. Es wird ein Klassiker der Konditionierung, namentlich der Pawlow'sche Hund, verwendet. Der Physiologe Pawlow fand heraus, dass Hunde auf das Zeigen von Futter mit Speichelfluss reagierten. Wenn er zeitgleich zum Zeigen des Futters eine Glocke läutete, führte dies dazu, dass die Hunde nach einer gewissen Konditionierungsphase auf das Glockengeräusch mit Speichelfluss reagierten. Vor der Konditionierung hatte das Glockengeräusch keinen Speichelfluss ausgelöst, nach der Konditionierung schon. Mit anderen Worten, das Kantengewicht zwischen Glocke läutet und Speichelfluss hat sich erhöht. Dieser Zusammenhang ist noch einmal in Abb. 2.13 gezeigt.

Das Beispiel des Pawlow'schen Hundes ist nicht ganz korrekt dargestellt, da die Events Höre Glocke und Speichelfluss keine Neuronen sind. Viel mehr wären es Neuronen, die entweder das Glockengeräusch entgegennehmen und zum anderen den Speichelfluss auslösen würden.

Der Hebb'schen Regel wird als Vorteil eine gewisse biologische Plausibilität testiert. Allerdings bleibt die Frage, ob ein Neuro-

Abb. 2.13 Übertragung der Hebb'schen Regel auf den Pawlow'sche Hund

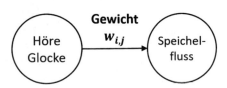

nales Netz überhaupt einem biologischen Neuronalen Netz exakt entsprechen muss oder ggf. nur durch eines in seinem Aufbau inspiriert ist.

Die in Formel (2.13) formulierte Regel besitzt den Nachteil, dass ein unbegrenztes Wachstum des Gewichts $\Delta w_{i,j}$ möglich ist. Weiter ist in der Regel nicht vorgesehen, dass sich das Gewicht ggf. wieder verringert. Diese beiden Nachteile wurden in erweiterten Versionen behoben. Die erweiterten Versionen der Regel werden hier nicht weiter vorgestellt, da sie in der üblichen Praxis nur sehr selten zu finden sind.

Die Hebb'sche Regel gilt jedoch als grundlegend für viele andere Lernverfahren für Neuronale Netze, weshalb sie ein fester Bestandteil einer jeden Einführung in das Thema sein sollte.

2.2.2 Deltaregel

Eine ebenfalls fundamentale und darum wichtige Lernregel ist die 1960 von Widrow und Hoff im Aufsatz *Adaptive switching circuits* veröffentlichte Deltaregel [47]. In der Grundform ist die Lernregel für ein Neuronales Netz mit keiner versteckten Schicht konzipiert. Es gibt anlog zum Perzeptron lediglich nur eine Eingabe- und eine Ausgabeschicht. Der Unterschied hier ist, dass das Perzeptron lediglich binäre Outputs generiert, und im vorliegenden Fall ein beliebiger Zahlenwert als Output verwendet werden kann.

Der Algorithmus ist ausschließlich für das Supervised Learning konzipiert. Hierbei ist die Existenz von gelabelten Daten zwingend. Es sei kurz daran erinnert, dass ein Datensatz als gelabelt gilt, wenn er vereinfacht gesagt eine Spalte enthält, in der die gewünschte Ausgabe des Netzes kodifiziert ist. Ein Beispiel für einen gelabelten Datensatz mit dem gewünschten Output „Auto" oder „Fahrrad" ist in Tab. 1.1 dargestellt. Die gewünschte Ausgabe wird für die Darstellung der Deltaregel allgemein als Y^{soll} bezeichnet, wohingegen Y^{ist} den tatsächlichen Output eines Netzes zu einem konkreten Input bezeichnet. Die Deltaregel folgt damit der Formel:

$$\Delta w_{i,j} = \eta \cdot out_j \cdot (Y_i^{soll} - Y_i^{ist}) \qquad (2.14)$$

$\Delta w_{i,j}$ steht für die Anpassung des Kantengewichts des j-ten Inputneurons im Training des i-ten Lernbeispiels. Weiter bezeichnet out_j den zugehörigen Output des j-ten Neurons der Inputschicht.

Die grundsätzliche Vorgehensweise der Deltaregel ist, dass durch wiederholte Iteration alle Gewichte Δw_j so anzupassen sind, dass die Abweichung zu allen gewünschten Y_i^{soll} Beispieloutputs minimiert werden. Der Algorithmus kann gut an einem kurzen Beispiel erläutert werden. In Tab. 2.4 ist ein Datenset mit zwei Zeilen dargestellt. Insofern ist i entweder 1 oder 2, je nach Trainingsschritt.

Als Lernrate wird (willkürlich) $\eta = 0,1$ gesetzt. Die Kantengewichte werden mit $w_1 = 0,75$ und $w_2 = 0,8$ initialisiert. Wir nehmen der Einfachheit halber an, jedes Neuron benutze eine lineare Aktivierungs- und Outputfunktion. Somit entspricht der Input gleich dem Output eines jeden Neurons. Abb. 2.2 zeigt, dass das Netzwerk zur Eingabe des ersten Datenbeispiels aus Tab. 2.4 mit $X_2 = 1$ und $X_2 = 1$ den Output $Y_1^{ist} = 2,3$ errechnet.

Gemäß Tab. 2.4 ist der gewünschte Output jedoch $Y_1^{soll} = 3$. Da Input = Output für jedes Neuron vereinbart wurde, wird das Kantengewicht des ersten und zweiten Inputneurons innerhalb des Trainings des ersten Trainingsbeispiels verändert, gemäß:

$$\Delta w_{1,1} = \eta \cdot o_1 \cdot (Y_1^{soll} - Y_1^{ist}) = 0,1 \cdot 2 \cdot (3 - 2,3) = 0,14$$
$$\Delta w_{1,2} = \eta \cdot o_2 \cdot (Y_1^{soll} - Y_1^{ist}) = 0,1 \cdot 1 \cdot (3 - 2,3) = 0,07$$

Tab. 2.4 Kurzer Datensatz mit zwei Beispielen zur Illustration der Deltaregel

X_1	X_2	Y^{soll}
2	1	3
1	2	1

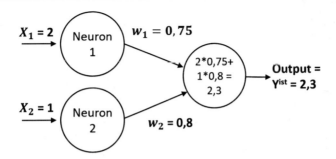

Abb. 2.14 Ein Iterationsschritt gemäß Deltaregel (2.14) auf den ersten Datensatz von 2.4

Die neuen Kantengewichte ergeben sich damit dann zu $w_1 = 0,75 + 0,14 = 0,89$ und $w_1 = 0,8 + 0,07 = 0,87$. Das Ziel ist das Training des gesamten Datensatzes, aufgelistet in Tab. 2.4. Darum würde die vollzogene Prozedur unter Nutzung des zweiten Datensatzes von Tab. 2.4 wiederholt werden. Die Berechnung wird nicht explizit grafisch visualisiert, das entstehende Ergebnis jedoch berechnet. Nach einem folgenden einmaligen Training des zweiten Datensatzes ergeben sich die neuen Kantengewichte zu:

$$w_1 + \Delta w_{2,1} = w_1 + \eta \cdot o_1 \cdot (Y_2^{soll} - Y_2^{ist}) = 0,89 + 0,1 \cdot 1 \cdot (1 - 2,63) = 0,727$$

$$w_2 + \Delta w_{2,2} = w_2 + \eta \cdot o_2 \cdot (Y_2^{soll} - Y_2^{ist}) = 0,87 + 0,1 \cdot 2 \cdot (1 - 2,63) = 0,544$$

Nun würde erneut immer wieder abwechselnd das erste und das zweite Beispiel aus Tab. 2.4 trainiert werden. Wenn Soll- und Istwerte sehr nahe beieinander liegen, ist die Änderung des Kantengewichts für ein Neuron entsprechend klein. Prinzipiell würde iteriert werden, bis eine gewünschte tolerierte Gesamtabweichung zwischen Y_i^{soll} und Y_i^{ist} gemittelt über alle i erreicht ist.

Die Deltaregel ist einfach in der Handhabung und leicht in Software zu implementieren.

Ein häufig genannter Nachteil der Deltaregel ist ihre Entkopplung zum biologischen Vorbild. Des Weiteren ist die Konvergenzgeschwindigkeit des Algorithmus abhängig von den Inputs der gelernten Daten. Dies kann gut erkannt werden, wenn gedanklich die Werte in Tab. 2.4 durch kleinere Werte für X_1 und X_2 ersetzt werden. Als Konsequenz würden die Outputs o_1 und o_2 entsprechend reduziert. In ungünstigen Fällen (z. B. bei häufiger Variation der Inputdaten), kann der Algorithmus ggf. sogar nicht erfolgreich sein. Weiter ist wichtig zu erwähnen, dass die Deltaregel in der vorgestellten Version nicht für das Training von Neuronalen Netzen mit versteckten Schichten geeignet ist. Wir widmen uns darum im nächsten Abschnitt dem Backpropagation-Algorithmus, der als Verallgemeinerung der Deltaregel für mehrschichtige Netze gilt.

2.2.3 Backpropagation

Die Backpropagation ist ein übliches und sehr weit verbreitetes Trainingsverfahren für mehrschichtige Neuronaler Netze. Ihr Anliegen, ist die Adjustierung aller Gewichte des Netzes. In Abb. 2.10 sind zwei Netzwerke visualisiert. Es wird deutlich, dass das untere Bild das gleiche Netzwerk mit stärker ausgeprägten Kantengewichten zeigt.[7] Der Tensorflow Playground nutzt dafür Farben und unterschiedlich dicke Flusslinien, um Gewichtsstärken visuell darzustellen. Die Leistung eines Neuronalen Netzes hängt von der individuell verwendeten Kombination $w_1, w_2, \ldots, w_n$ an Gewichten ab. Es gibt Gewichtskonstellationen, die beim gleichen Netzwerk sicherlich größere Fehler (gemessen als Abweichung der Ist-Outputs von den Soll-Outputs) als andere Gewichtskombinationen verursachen. Wir definieren für den Moment w als Stellvertreter für alle Gewichte eines Netzwerks. Wenn der Fehler eines Netzwerk, von den verwendeten Gewichten abhängt, kann der Fehler somit als eine Funktion $f(w)$ der Gewichtsvariable w

---

[7] Die Beispiele unterscheiden sich auch in Bezug auf ihre Aktivierungsfunktion. Dieser Aspekte ist hier jedoch nur sekundär wichtig.

Abb. 2.15
Exemplarische
Fehlerfunktion $f(w)$ der
Gewichtsvariable w

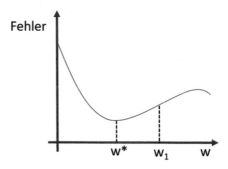

aufgefasst werden. Ein fiktiver Verlauf einer Skizze einer solchen Funktion ist beispielsweise in Abb. 2.15 dargestellt.

Abb. 2.15 zeigt die realistische Situation, dass es günstigere und ungünstigere Kombinationen von w gibt. Nehmen wir an, das aktuell verwendete Gewichtssetup eines Neuronalen Netzes wäre durch w_1 symbolisiert. Offensichtlich könnte die Leistungsfähigkeit des Netzes bei Verwendung von $w*$ gesteigert werden. Es stellt sich die Frage, wie $w*$ ermittelt werden kann bzw. wie die Gewichte w verändert werden müssen, damit die günstigere Gewichtskombination $w*$ erreicht wird. Die Antwort erscheint leicht, wenn die Abb. 2.15 vorliegt. Leider liegt der in 2.15 dargestellte Kurvenverlauf nicht als Funktionsvorschrift vor,[8] sondern lediglich das Neuronale Netz ist bekannt. Grob gesprochen könnte ein neues w in das Netz gefüttert werden, und das Netz antwortet mit der entsprechenden Fehlerrate, aber die Funktion, die man umgekehrt fragen könnte, wo ist das $w*$ welches die Fehlerrate minimiert, existiert nicht. Das ist vergleichbar mit der Situation, dass Sie Wandern gehen und plötzlich zieht ein sehr dichter Nebel auf. Für Sie ist der Berg (hier die Funktionsverlauf) und der Verlauf des Weges nicht mehr nachvollziehbar. Die einzige Möglichkeit, die Ihnen bliebe das Tal zu finden, ist, dass Sie mit jedem Schritt prüfen, ob es ggf. bergab geht und dann diesen Schritt tun. Sukzessive könnte

---

[8] Dann könnte man allgemein mit Methoden der Analysis das Minimum bestimmen.

Sie diese Strategie ins Tal führen. Eine übertragene Prozedur hat sich auch für das in Abb. 2.15 gezeigte Problem bewährt. Wenn Sie sich auf der zur Stelle w_1 gehörigen Funktion befinden, würden Sie nach links laufen (weil bergab), um sich von w_1 zu $w*$ zu bewegen. Das Kriterium lautet: Bewege Dich in die Richtung mit dem stärksten Abstieg. Die/der Wander*in kann mit den Füßen die lokale Steigung prüfen und dann entscheiden. Welche Möglichkeiten bleibt bei der unbekannten, aber lokal berechenbaren Fehlerfunktion $f(w)$ eines Neuronalen Netzes? Glücklicherweise kann lokal der Wert der ersten mathematische Ableitung $f'(w)$ für beliebiges w berechnet werden, wenn die richtige Aktivierungsfunktion verwendet wird. Konkret: Es ist möglich, den Wert der Ableitung/Steigung an der Stelle w_1 zu ermitteln, was dann deutlich macht, in welcher Richtung der Abstieg liegt. Es wird ein kleiner Schritt in Richtung $w*$ vollzogen, dann erneut die Steigung ermittelt, um dann ggf. einen weiteren Schritt in diese Richtung zu gehen. Dies ist das analoge Vorgehen zu unserem Wanderbeispiel. Grundlagen zu diesen Überlegungen gehen bereits zurück auf Kelley [23] und das Jahr 1960. Im Kern ist die Kettenregel zur Differenzierung von Funktionen wichtig, die bereits seit Gottfried Leibniz (1646–1715) bekannt ist. Die Backpropagation ist jedoch eine effiziente Möglichkeit, die Kettenregel auf große diskrete Netzwerke mit differenzierbaren (darum ist die Wahl der richtigen Aktivierungsfunktion wichtig) Neuronen anzuwenden. Dieses Ergebnis formulierte im Jahr 1970 der finnische Masterstudent Linnainmaa und legte damit das Grundgerüst für die heutige Form der Backpropagation [34].

Die Backpropagation wird ohne formalen mathematischen Beweis vorgestellt. Die grundsätzliche Idee des Algorithmus wurde bereits beschrieben, und nun steht im Fokus, an einem ganz konkreten Beispiel einen Iterationsschritt (einen Schritt von w_1 in Richtung $w*$) der Backpropagation vorzustellen. Eingangs wurden die Kantengewichte salopp als $w_1, w_2, \ldots, w_n$ bezeichnet. Es ist jetzt jedoch ratsam, vorweg die im Folgenden verwendete Notation zu klären, damit deutlich wird, welches einzelne konkrete Kantengewicht gemeint ist. In Abb. 2.16 ist ein Neuronales Netz mit einer versteckten Eingabeschicht mit jeweils zwei Neuronen, einer hidden (versteckten) Schicht mit jeweils zwei Neuronen und einer

Abb. 2.16 Klarstellung
Notation aus
Vorbereitung auf die
Backpropagation

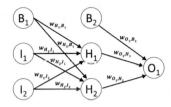

Ausgabeschicht mit einem Neuron visualisiert. So bezeichnet I_1 das erste Neuron auf der Inputschicht und z. B. H_2 das zweite Neuron auf der hidden Schicht. Die Kantengewichte sind allgemein ebenfalls in die Grafik integriert worden.

Bei der Notation Neuronaler Netze hat sich etabliert, dass beim Kantengewicht $w_{i,j}$ (oder oft einfach kurz $w_{i,j}$) i für das empfangende Neuron und j für das sendende Neuron steht. Das ist nicht ganz intuitiv, hat aber an anderer Stelle Vorteile. Darum wird das Gewicht zwischen Neuron I_1 und H_2 ab nun, wie in Abb. 2.16 visualisiert, mit w_{H_2,I_1} bezeichnet. Die beiden Bias-Neuronen B_1 und B_2 haben immer definitionsgemäß den Output 1. Darum entsprechen die Gewichte auf den Kanten zwischen Bias-Neuronen und den nachgelagerten Neuronen den jeweiligen Schwellenwerten der empfangenden Neuronen. Mithilfe der Backpropagation soll nun das in Abb. 2.16 gezeigte Netz dazu gebracht werden, zum Input $X_1 = 1$, $X_2 = 1$ den gewünschten Output $Y = 1,5$ zu produzieren. Selbstverständlich wäre in jeder praktischen Anwendung nicht nur ein Datenbeispiel zu erlernen. Hier wird sich auf ein Beispiel konzentriert, denn mehrere Beispiele sind letztlich eine reine Wiederholung der gleichen Prozedur. Mithilfe der Backpropagation würden nun iterativ ALLE Gewichte so angepasst, dass das Netz zum Input den gewünschten Output liefert.

Vor dem Start ist zunächst zu regeln, wie die Netzeingaben, die Aktivierung sowie der Output der Neuronen organisiert werden soll.

- Als Netzeingabe net_i für die Neuronen der Hidden- sowie der Ausgabeschicht wird hier die vorgestellte gewichtete Summe der Outputs der Vorgängerneuronen benutzt.

- Als Aktivierungsfunktion des i-ten Neurons wird die in (2.9) vorgestellte Fermi-Funktion $f(net_i) = \frac{1}{1+e^{(-net_i)}}$ zu Anwendung kommen.
- Die errechnete Aktivierung wird, wie in (2.2) dargestellt, nicht mehr verändert, sondern direkt als Output (out_i) genutzt.

Zur Anpassung der Gewichte an die Trainingsdaten $X_1 = 1$, $X_2 = 1$, $Y = 1,5$ sind zwei sich wiederholende Schritte notwendig.

1. Im sogenannten Forwardpass wird zu den Netzeingaben (hier $X_1 = 1, X_2 = 1$) bei gegebenen Gewichten, der aktuelle Output des Netzes bestimmt, der mit Y^{ist} bezeichnet wird. Der gewünschte Output (hier 1,5) wird mit Y^{soll} gekennzeichnet.
2. Im sich anschließenden Backwardpass werden rückwärts die Gewichte anhand einer Formel angepasst.

Damit Forward- und Backwardpass illustriert werden können, ist eine willkürliche Initialisierung der Gewichte zunächst notwendig, denn der Algorithmus passt lediglich bestehende Gewichte an, setzt jedoch keine neuen Verbindungen. Willkürlich werden die in Abb. 2.17 gezeigten Gewichte gewählt.

Das Netz ist nun bereit, den Forwardpass durchzuführen. Die Inputneuronen nutzen keine Aktivierungsfunktion, ihr Input ist gleich ihrem Output. Die Biasneuronen nutzen immer eine 1 als

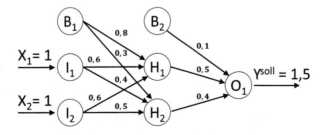

Abb. 2.17 Willkürliches Setzen der initialen Gewichte und Darstellung der zu lernenden Daten

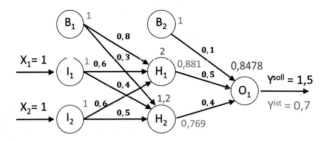

Abb. 2.18 Ergebnis des Forwardpass. Eingaben sind grün, Outputs sind blau dargestellt

Output. Somit ergibt sich beispielsweise als Input für das erste Neuron auf der ersten Schicht $net_{H_1} = 1 \cdot 0{,}8 + 1 \cdot 0{,}6 + 1 \cdot 0{,}6 = 2$. Die Aktivierung und damit auch der Output wird berechnet als $out_{H_1} = f(2) = \frac{1}{1+e^{(-2)}} = 0{,}881$. Alle Werte werden in diesem Beispiel durchgängig auf vier Nachkommastellen gerundet. In Abb. 2.18 sind sämtliche Eingaben in die Neuronen (grün) sowie alle Aktivierungswerte bzw. Outputwerte (blau) nach erfolgtem Forwardpass dargestellt.

Wie aus Abb. 2.18 ersichtlich, besteht eine Diskrepanz von $Y^{soll} - Y^{ist} = (1{,}5 - 0{,}7) = 0{,}8$. Nun kann der Backwardpass durchgeführt und alle neun Kantengewichte adjustiert werden, mit dem Ziel diese Diskrepanz zu verringern. Bei der Anpassung der Gewichte spielt es eine Rolle, ob das zu adjustierende Gewicht zwischen letzter versteckter Schicht und Outputschicht oder in einer der vorgelagerten Layer liegt. Allgemein gilt für die Anpassung der Gewichte:

$$\Delta w_{i,j} = \eta \cdot out_j \cdot \delta_i \qquad (2.15)$$

Für die δ_i Werte aus (2.15) gelte:

$$\delta_i = \begin{cases} f'(net_i) \cdot (Y^{soll} - Y^{ist}) & \text{falls } i \text{ ein Ausgabeneuron ist} \\ f'(net_i) \cdot \sum_L (\delta_l \cdot w_{l,i}), & \text{falls } i \text{ ein verstecktes Neuron ist} \end{cases} \qquad (2.16)$$

In (2.15) ist wie auch in der Deltaregel ein konkreter Wert für eine zu nutzende Lernrate $0 < \eta \le 1$ zu setzen. Größere Werte forcieren eine schnelle Anpassung der Gewichte. Es gibt pauschal keinen richtigen oder besten Wert. An späterer Stelle wird dieser Aspekt noch einmal aufgenommen. In unserem Beispiel wird zunächst ein sehr üblicher Wert von $\eta = 0,3$ verwendet. In (2.16) wird die erste mathematische Ableitung $f'(net_i)$ der Aktivierungsfunktion auf den Input des i-ten Neurons erwähnt. In dem konkreten Beispiel kann die Ableitung als

$$f'(net_i) = \frac{e^{(-net_i)}}{1 + e^{(-net_i)^2}} \qquad (2.17)$$

berechnet werden. Die Ableitung dieser speziellen Aktivierungsfunktion kann auch alternativ über $f'(net_i) = f(net_i) \cdot (1 - f(net_i))$ ermittelt werden.[9] Dies kann sehr interessant sein, da es Rechenoperationen spart und die Werte $f(net_i)$ bereits beim Forwardpass ermittelt wurden. Die erste mathematische Ableitung einer Funktion gibt die Steigung und damit die Veränderung der Aktivierung $f(net_i)$ zu einem Netzeingang net_i an. Formel (2.16) determiniert damit, dass eine größere Steigung zu einer größeren Veränderung der Gewichte führen soll.

Die Berechnung gemäß der Formeln aus (2.15) und (2.16) wird nun für das Gewicht w_{O_1,H_1} und das Gewicht w_{H_1,I_1} exemplarisch durchgeführt. Damit werden beide Fälle aus Formelvarianten (2.16) demonstriert, ersten, die Anpassung für ein Gewicht auf der Verbindung zu einem Outputneuron und zweitens ein Gewicht aus der versteckten Schicht.

Es wird mit w_{O_1,H_1} gestartet und die Formeln (2.15) und (2.16) befüllt. Es gilt:

$$\Delta w_{O_1,H_1} = \eta \cdot out_{H_1} \cdot \delta_{O_1} \qquad (2.18)$$

Da das Gewicht w_{O_1,H_1} in der Outputverbindung liegt, gilt entsprechend für den Deltawert des Neurons O_1:

$$\delta_{O_1} = f'(net_{O_1}) \cdot (Y^{soll} - Y^{ist}) \qquad (2.19)$$

---

[9] Das ist eine Spezialität dieser Funktion. Es kann mittels Quotientenregel aus der Analysis jedoch schnell nachgerechnet werden.

Die beiden letzten Formeln lassen sich zusammenfassen zu:

$$\Delta w_{O_1,H_1} = \eta \cdot out_{H_1} \cdot f'(net_{O_1}) \cdot (Y^{soll} - Y^{ist}) \qquad (2.20)$$

Der Wert für die Lernrate wurde auf $\eta = 0,3$ gesetzt, und alle anderen Werte für die Befüllung von (2.18) und (2.19) können der Abb. 2.18 entnommen werden. Damit lässt sich die Veränderung von w_{O_1,H_1} als

$$\Delta w_{O_1,H_1} = 0,3 \cdot 0,881 \cdot 0,7 \cdot (1 - 0,7) \cdot (1,5 - 0,7) = 0,0444 \qquad (2.21)$$

bestimmen. Bei der Berechnung von Gl. (2.21) wurde wie bereits erwähnt $f' = f \cdot (1 - f) = 0,7 \cdot (1 - 0,7)$ ausgenutzt. Das neue Kantengewicht w_{O_1,H_1} wird damit als

$$w_{O_1,H_1} = 0,5 + 0,0444 = 0,5444 \qquad (2.22)$$

berechnet.

Die Bestimmung des neuen Gewichtes w_{H_1,I_1} ist ein kleines bisschen aufwendiger. Das Gewicht liegt zwischen Inputschicht und verdeckter Schicht. Somit kommt nun der zweite Teil von Formel (2.16) mit dem Term $\sum_L (\delta_l \cdot w_{l,i})$ zur Anwendung. Der Buchstabe L steht für die Menge der Neuronen der Nachfolgeschicht. Im vorliegenden Fall ist die nachfolgende Schicht die Ausgabeschicht, die lediglich aus dem Neuron O_1 besteht. Bei einem einzigen Neuron ist darum das Summenzeichen aus (2.16) nicht zu beachten.

Für die Veränderung des Gewichts w_{H_1,I_1} gilt

$$\Delta w_{H_1,I_1} = \eta \cdot out_{I_1} \cdot \delta_{H_1}, \qquad (2.23)$$

mit

$$\delta_{H_1} = f'(net_{H_1}) \cdot \delta_{O_1} \cdot w_{O_1,H_1} \qquad (2.24)$$

oder zusammengefasst als

$$\Delta w_{H_1,I_1} = \eta \cdot out_{I_1} \cdot f'(net_{H_1}) \cdot \delta_{O_1} \cdot w_{O_1,H_1}. \qquad (2.25)$$

Alle Werte liegen vor und können in Formel (2.25) eingesetzt werden. Es ergibt sich:

$$\Delta w_{H_1, I_1} = 0{,}3 \cdot 1 \cdot 0{,}881 \cdot (1 - 0{,}881) \cdot 0{,}7 \cdot (1 - 0{,}7)$$
$$\cdot (1{,}5 - 0{,}7) \cdot 0{,}5 = 0{,}0026$$

Das neue Gewicht w_{H_1, I_1} ist nun gegeben als:

$$w_{H_1, I_1} = 0{,}6 + 0{,}0026 = 0{,}6026 \qquad (2.26)$$

Bis dato wurden zwei Gewichte neu berechnet. Dabei wird es auch belassen, denn alle anderen Werte sind analog zu berechnen. Die neuen Gewichte nach einem Forward- und Backwardpass sind jedoch in Tab. 2.5 zusammengefasst.

Nach der Berechnung aller Gewichtsveränderungen endet damit ein Schritt der Backpropagation. Das Beispiel zeigt sehr schön, woher die Namensgebung des Verfahrens stammt. Der nach dem Forwardpass identifizierte Fehler ($Y^{soll} - Y^{ist}$) wird rückwärts durch das gesamte Netzwerk propagiert. Dies wird daran offensichtlich, dass der in (2.19) definierte Term δ_{O_1} bei jeder Gewichtsveränderung eines jeden Neurons beteiligt ist. Die Gelegenheit ist gut, auch darauf aufmerksam zu machen, dass die Deltaregel und die Backprogagation große Überschneidungen aufweisen. Das Training eines Netzes ohne versteckte Schicht mittels Backpropagation entspricht dem Training mittels Deltaregel. Dies ist gut zu erkennen, wenn die Deltaregel aus (2.14) mit der Backpropagation auf (2.16) verglichen wird.

Tab. 2.5 Adjustierte Gewichte nach einer Iteration des Beispiels aus Abb. 2.18

	von B_2	von H_1	von H_2
zu O_1	0,1504	0,5444	0,4387
	von B_1	von I_1	von I_2
zu H_1	0,8026	0,6026	0,6026
zu H_2	0,3036	0,4036	0,5036

Im Beispiel wurde lediglich ein Datenbeispiel mit $X_1 = 1$, $X_2 = 1$ und $Y^{soll} = 1,5$ verwendet. In der Praxis liegen eigentlich immer mehrere Beispiele vor. Hier existieren zwei mögliche Vorgehen. Erstens, es wird jeweils dem wieder auf die initiale Gewichtung gesetzten Netz ein Beispiel präsentiert und der Forward- und Backwardpass durchgeführt. Anschließend werden die ermittelten Gewichtsveränderungen jeweils addiert und durch die Anzahl der Trainingsbeispiele dividiert. Diese durchschnittliche Veränderung der Gewichte wird dann zur Berechnung der nächsten Gewichte verwendet. Ein Foward- und Backwardpass kann beliebig wiederholt werden. Dieses Verfahren wird Batchtraining genannt. Im Gegensatz dazu wird beim Onlinetraining ein Forward- und ein Backwardpass auf einem Datenbeispiel durchgeführt, und die Gewichte werden nach jedem Durchlauf angepasst.

Der Backpropagation-Algorithmus ermöglicht bereits das effiziente Training mehrschichtiger Neuronaler Netze, weshalb er auch ein sehr beliebtes Verfahren im Deep Learning darstellt. Allerdings hat der Algorithmus auch Nachteile, die wegen ihres großen Einflusses auf viele Netztypen allgemein in Abschn. 3.2 ausgeführt werden.

Neben den beschriebenen Trainingsalgorithmen Hebb'sche Regel, Deltaregel und Backpropagation existieren weitere Verfahren, um Neuronale Netze zu trainieren. Dieses Buch hat nicht zum Ziel, die Leserin und den Leser umfassend über jeden Spezialfall zu informieren. Das ausgerufene Ziel lautet, einen soliden Grundstock zu schaffen, damit die/der Leser*in bei Fachgesprächen fundiert mitsprechen kann. Nachdem die grundsätzlich wichtigsten Trainingsalgorithmen erörtert wurden, ist es somit Zeit, speziell weitverbreitete Netzwertypen kennenzulernen. Generell gilt, dass bis dato noch nicht der universell einsetzbare Netztyp für alle Aufgaben entdeckt wurde. Es werden diverse Netzwerktypen in der Literatur vorgestellt, die sich auf unterschiedlichen Fragestellungen bewährt haben. Aus diesem Grund stellt der nächsten Abschnitt einige grundsätzliche Netzwerktypen zusammen.

2.3   Vorstellung besonderer Netzwerktypen

Eine kurze Recherche z. B. im Internet oder einer Literaturda-
tenbank zeigt, dass eine Vielzahl von verschiedenen Neuronalen
Netzwerkwerken bereits in der Literatur diskutiert werden. Typi-
scherweise liefert eine Recherche klassische Aufbauten Neuronaler Netze wie:

- Neuronales McCulloch-Pitts-Netz (engl. McCulloch-Pitts net-
  work) (1943) [37],
- Faltendes Netz (engl. Convolutional neural network) (1989)
  [30],
- Neuronales Hopfield-Netz (engl. Hopfield network) (1982) [19],
- Neuronales Elman-Netz (engl. simple recurrent network) (1990)
  [11],
- Neuronales Kohonen-Netz (engl. self-organizing map) (1995)
  [26],
- Neuronales Jordan-Netz (engl. Jordan network) (1990) [22].

In die Liste ist die Angabe der ersten Veröffentlichung in diesem Bereich samt Jahreszahl (in Klammern) aufgenommen. Es
wird offensichtlich, dass alle genannten Netzwerktypen bereits ein
gewisses Alter besitzen. Alle Typen sind unter Praxisbedingungen
getestet worden. Aktuell sind Convolutional Neural Network ein
populäres Thema, weshalb sie später separater detailliert vorgestellt werden. Die anderen Typen werden nicht im Detail ausgeführt.

Die unterschiedlichen Netze der obigen Liste lassen sich z. B.
hinsichtlich ihrer Topologie, ihres verwendeten Lernalgorithmus,
ihrer Eignung für das Supervised oder das Unsupervised Learning
beschreiben. Ein kurzer Abriss ausgewählter Lernverfahren ist in
Abschn. 2.2 zusammengestellt. Den Unterschied zwischen Supervised und Unsupervised Learning wird in Kap. 1 thematisiert. Es
bleibt somit der Begriff der Topologie eines Netzes zu klären, was
uns unmittelbar zur Unterscheidung von Feedforward-Netzen und
Rekurrenten Neuronalen Netzen bringt.

2.3.1 Feedforward networks versus recurrent networks

Unter der Topologie wird der Aufbau des Netzes hinsichtlich der verwendeten Schichten und Neuronen verstanden.

Als Minimalsetup besitzt das einschichtige Netz eine Eingabe- und eine Ausgabeschicht. Ein Illustration findet sich in Abb. 2.14. Wie z. B. im Beispiel beginnend mit Abb. 2.16 gezeigt, kann ein Netz weitere versteckte Schichten (engl. hidden layers) besitzen. Die Eingabe- und Ausgabeschicht sollte sich bzgl. der Anzahl ihrer Neuronen an der Struktur der zu lernenden Daten orientieren. Für die Anzahl der zu verwendenden Schichten sowie die Anzahl der zu involvierenden Neuronen gibt es a priori keine Festlegung. Der Netzaufbau muss in Bezug der Komplexität der Daten entsprechend gewählt werden. Diese Herausforderung wird insbesondere unter dem Stichwort Overfitting in Abschn. 3.1 diskutiert. Die Topologie umfasst jedoch noch die Festlegung der einzusetzenden Neuronen. Ein wie in Abb. 2.14 oder Abb. 2.16 gezeigtes Netz kennt keine Rückgabe eines Neuronenoutputs an ein Neuron aus der gleichen Schicht oder an ein Neuron aus einer vorgelagerten Schicht. Die beiden gezeigten Netzwerke sind sogenannte Feedforward-Netze.

Bei Feedforward-Netzen ist die Topologie des Netzes derart gewählt, dass sämtliche Neuronen immer nur mit der nächsten Neuronenschicht verbunden sind. Im Gegensatz dazu, ist es Neuronen in rekurrenten (engl. recurrent) Netzwerken möglich, ihren Output an Neuronen der gleichen oder einer vorgelagerten Schicht als Input zu übergeben.

Über Rückverbindungen lassen sich in rekurrenten Netzwerken Rückkopplungen (engl. feedbacks) realisieren. Abb. 2.19 zeigt drei verschiedene Arten möglicher Rückkopplungen. Fall A illustriert

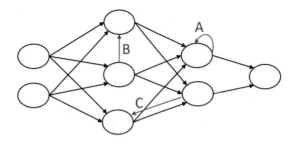

Abb. 2.19 Beispielhafte rekurrente Netzwerkstruktur

die direkte Rückkopplung, bei der ein Neuron sich selbst erneut stimuliert, wohingegen im Fall B ein Neuron der gleichen Schicht ein Feedback gibt. Im Fall C ist vorgesehen, dass ein Neuron ein anderes Neuron einer vorhergehenden Schicht stimulieren kann. In rekurrenten Netzen lassen sich beliebige Kombinationen von A, B und C finden. Ein Netz heißt vollkommen rekurrent (engl. fully recurrent), wenn alle Neuronen mit allen anderen Neuronen verbunden sind. Diese Form der Topologie ist die universellste, da aus ihr sämtliche anderen Netzwerkstrukturen erzeugt werden können, indem die nicht benötigten Verbindungsgewichte einfach auf null gesetzt werden.

Rekurrente Netze haben die gute Eigenschaft, Dynamiken und zeitabhängige Sachverhalte in Daten lernen zu können. In der Praxis ist es keine Seltenheit, dass die von einem Neuronalen Netz zu repräsentierenden Daten aus einem dynamischen Prozess stammen. Als kurzes Beispiel eines solchen Prozesses sei der Preis eines Produktes und die absetzbare Menge des Produktes betrachtet. Grundsätzlich beeinflusst per Annahme der Preis des Gutes die abzusetzende Menge. Das heutige Preisniveau beeinflusst mit Sicherheit jedoch auch den zukünftigen Güterpreis,[10] was dann wieder die zukünftig abzusetzende Menge beeinflussen

---

[10] Wenn das nicht so wäre, wäre der Preis der nächsten Periode unabhängig vom heutigen Preis. So könnte auf einen heutigen Preis von z. B. 10 EUR ein Preis von 0,1 EUR oder ein Preis von 1000 EUR oder irgend ein anderer willkürlicher Preis folgen, was einem unrealistischen Szenario entspräche.

wird. Dieser Gedanken kann beliebig oft wiederholt und die Kette
fortgesetzt werden. Bei einer grafischen Visualisierung würden
sich Kästchen an Kästchen über die Zeit anreihen. Alternativ wird
der Prozess mittels Feedback modelliert, wie Abb. 2.20a dargestellt.

Der dargestellte Prozess kann ausführlich wie in Abb. 2.20b in
Abhängigkeit der Zeit (t) dargestellt werden. Abb. 2.20a wird als
die komprimierte Version der aufgeklappten Version (b) bezeichnet. Diese Betrachtungsweise übertragen auf Neuronale Netze
ist sehr nützlich, da rekurrente Netze mit Feedbacks nicht ohne
Weiteres z. B. via Backpropagation trainiert werden können. Das
Vorgehen ist hier, dass das rekurrente Netz (gemeinst ist das komprimierte Netz) in aufgeklappte Netze zu den Zeitpunkten t umge-
wandelt werden, die dann individuell z. B. via Backpropagation
trainiert werden können. Die Darstellung dieses Vorgehens geht
an dieser Stelle jedoch über das Ziel dieses Buches hinaus, und es
wird auf z. B. [28] für ein mögliches vertieftes Studium verwiesen.

> Zusammengefasst wird festgehalten, dass rekurrente Netze
> in der Lage sind, Daten zu repräsentieren, die aus dynami-
> schen, zeitabhängigen Quellen stammen, was sie für viele
> Praxisanwendungen qualifiziert.

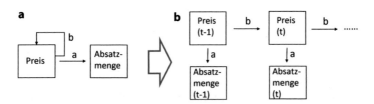

Abb. 2.20 Komprimierte (**a**) und aufgeklappte (**b**) Prozessbeschreibung einer
Preis-Mengen-Absatzrelation

Beispiele für rekurrente Netztopologien sind:

- Neuronales Hopfield-Netz (engl. Hopfield network) (1982) [19],
- Neuronales Elman-Netz (engl. simple recurrent network) (1990) [11],
- Neuronales Jordan-Netz (engl. Jordan network) (1990) [22].

Mehrschichtige Feedforward-Netze, die mittels Backpropagation im Rahmen von Supervised Learning trainiert werden, können an dieser Stelle nicht weiter vertieft werden, da sie bereits detailliert in diesem Kapitel beschrieben sind. Einen sehr spannenden, wie aktuellen Fall stellen die Faltungsnetzwerke (engl. convolutional neural network) dar. Zunächst wurden sie als Feedforward-Netze konzipiert. Im nächsten Abschnitt wird dieser aktuell weiter intensiv erforschte Netzwerktyp darum näher vorgestellt.

2.3.2   Convolutional neural network

Die Autoren LeCun, Bottou, Bengio und Haffner waren neben anderen die ersten, die in ihrem viel zitierten Paper „Gradient-based learning applied to document recognition" [31] im Jahr 1989 Convolutional Neural Networks verwendeten. Convolutional Neural Network kann zu Deutsch als faltendes Neuronales Netz übersetzt werden. Die (diskrete) mathematische Faltung ist ein wichtiger Bestandteil dieser besonderen Netze, die sehr erfolgreich, beispielsweise bei der Verarbeitung von Bild- und Audiodateien, eingesetzt werden. Bevor näher auf die Funktion der Faltung eingegangen wird, beschäftigen wir uns mit dem generellen Aufbau eines Convolutional Neural Networks. Klassisch ist dieser Netzwerktyp ein Feedforward-Netzwerk, welches seine Eingaben über eine Inputschicht empfängt, um diese dann ohne Loops über (ggf. diverse) versteckte Schichten zu einer Outputschicht zu propagieren. Allerdings existieren auch Ansätze, die recurrent convolutional neural networks einzusetzen, wie z. B. [32] zeigt. In einem Convolutional Neural Network werden einzelne versteckte Schichten als Convolutional Layers konzipiert, auf die dann jeweils ein Down Sampling Layer folgt. Dieser

Aufbau kann sich wiederholen, und bei hinreichend großen Netzwerken wird von einem Deep Convolutional Neural Network gesprochen. Der Aufbau eines typischen Convolutional Neural Networks mit zwei Convolutional und zwei Down Sampling Layern ist in Abb. 5.11 dargestellt. Die Abbildung ist als Screenshot von der Webseite https://scs.ryerson.ca/~aharley/vis/conv entstanden, die eine illustrative dreidimensionale Animation eines Convolutional Neural Networks zur Handschriftenerkennung bereitstellt. Bei diesem Netzwerktyp werden die Neuronen auf dem Inputlayer sowie auf den Convolutional und den Sampling Layer in der Regel in 2D oder 3D und nicht in 1D organisiert wie sonst üblich.

Die angesprochene Faltung (engl. convolution) wird bei der Berechnung des Inputs für Neuronen auf den Convolutional Layers benötigt. Hierbei kommt eine sogenannte Faltungsmatrix zum Einsatz, die im englischen Kernel genannt wird. Die Funktionsweise des Kernels kann gut anhand eines grafischen Beispiels erklärt werden. Abb. 2.21 zeigt im linken Teil eine Inputmatrix für ein Neuron eines Convolutional Layers. Es wird der Kernel zur Berechnung der Aktivierung angewendet. Die erste Zahl der Aktivierung wird beispielsweise durch

$$1 \cdot 1 + 4 \cdot 2 + 2 \cdot 3 + 5 \cdot 4 = 35$$

berechnet, was auch durch die roten Rahmen zum Ausdruck kommt.

Es wird deutlich, dass die Anwendung der Faltungsmatrix auf den Input nicht gemäß der Rechenregel einer Matrizenmultiplikation durchgeführt wird. Für die untere Zeile sowie die rechte Spalte

$$\underset{\text{Input}}{\begin{bmatrix} 1 & 4 & 7 \\ 2 & 5 & 8 \\ 3 & 6 & 9 \end{bmatrix}} * \underset{\text{Kernel}}{\begin{bmatrix} 1 & 2 \\ 3 & 4 \end{bmatrix}} = \underset{\text{Aktivierung}}{\begin{bmatrix} 35 & 65 & 31 \\ 45 & 75 & 35 \\ 15 & 24 & 9 \end{bmatrix}}$$

Abb. 2.21 Beispiel der Anwendung einer Faltungsmatrix (Kernel) auf eine Inputmatrix

der Inputmatrix kann nicht auf die gleiche Weise der Kernel angewendet werden, da zu wenige Zahlen zur Verfügung stehen. Hier wird darum unten und rechts mit Nullen aufgefüllt. Zum Beispiel wird

$$9 \cdot 1 + 0 \cdot 2 + 0 \cdot 3 + 0 \cdot 4 = 9$$

gerechnet, was in Abb. 2.22 dargestellt ist. Es gibt andere Methoden, anstatt mit Nullen aufzufüllen, allerdings ist die Nuller-Methode sehr gängig. In manchen Fällen wird nach der Kernelanwendung die Summe noch durch die Summe des Kernels dividiert, um die Aktivierungswerte zu normieren und sie mit den Inputs vergleichbar zu machen. So würde im obigen Beispiel die 35 durch 10 (da $1 + 2 + 3 + 4 = 10$) und die 9 durch 10 dividiert werden. Auf die Aktivierung kann nun ggf. wie üblich eine Aktivierungsfunktion wie in Abb. 2.8 dargestellt angewendet werden.

Es existieren diverse Kernel mit unterschiedlichen Eigenschaften. In Abb. 2.23 werden zwei kleine Bilder (die Originale sind mit A gekennzeichnet) durch spezielle Faltungen geschickt, um die unterschiedlichen Wirkungen zu demonstrieren. In den Bildern sind in ganz kleiner Schrift die Grauwerte als Zahlen (0 bis 255) der 28 mal 28 Zellen enthalten. Im oberen Beispiel ist ein Damenschuh und in unteren Teil ist die handgeschriebene Zahl 4 zu sehen. Die Bilder entstammen dem MNIST und dem FashionMNIST-Datensatz die in der Fallstudie in Abschn. 5.2.2 genauer vorgestellt werden.

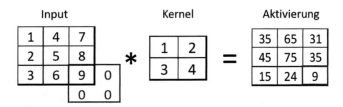

Abb. 2.22 Beispiel der Anwendung einer Faltungsmatrix (Kernel) auf eine Inputmatrix

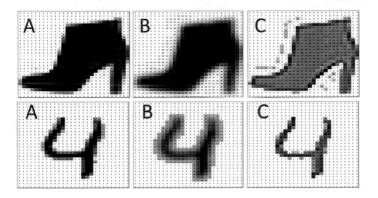

Abb. 2.23 A = Originalbild, B = Bild nach Gaussian Blur-Kernel, C. Bild nach Sharpening-Kernel

Auf die Originalbilder wurden im Fall B der Gaussian Blur-Kernel

$$\begin{bmatrix} 0,06 & 0,13 & 0,06 \\ 0,13 & 0,25 & 0,13 \\ 0,06 & 0,13 & 0,06 \end{bmatrix}$$

sowie im Fall C der Sharpening-Kernel

$$\begin{bmatrix} 0 & -1 & 0 \\ -1 & 5 & -1 \\ 0 & -1 & 0 \end{bmatrix}$$

angewendet. Nach einem Convolutional Layer schließt sich der Down Sampling layer an. Das Ziel ist hier die Löschung redundanter Informationen, ohne die Leistungsfähigkeit des Netzes einzuschränken. Das Pooling soll dazu beitragen, dass die generellere Struktur eines Inputs erfasst wird, ohne sich in Details zu verlieren. In der Praxis hat sich das Max-Pooling bewährt. Dabei wird für jeweils vier Zahlenwerte das Maximum ermittelt und lediglich dieser Wert als Aktivierung weiter verfolgt. Ein Beispiel für diese Pooling-Variante findet sich in Abb. 2.24

In Abb. 2.25 ist abschließend die Wirkungsweise der Hintereinanderausführung der Convolution sowie des Max-Poolings demonstriert. Es ist das bekannte Beispiel des Bildes des Damenstiefels gewählt, welches zunächst durch die Sharpening-Convolution verändert wurde, um anschließend gepoolt zu werden.

In Abb. 2.25 sind mehrere Bildschichten in dem Convolutional Layer dargestellt. In der Praxis würde für jede Schicht meistens ein eigener Kernel verwendet werden, sodass jede Bildschicht auf unterschiedliche Aspekte der Inputs reagieren kann.

Nach einem Pooling Layer kann sich durchaus erneut ein Convolutional Layer und dann erneut ein Pooling Layer anschließen. In der Praxis ist bei Faltungsnetzen sehr häufig als (vorletzte) Schicht eine übliche vertikal organisierte 1D-Schicht an Neuronen, die mit jedem nachfolgenden Neuron verbunden ist, anzutreffen. An dieser Stelle sei erwähnt, dass es nun offensichtlich wird, dass die Neuronen auf den Convolutional Layers nicht alle miteinander verbunden sind, wie es sonst üblicherweise bei 1D-Schichten der Fall wäre. Dies macht Convolutional Networks recht robust gegen-

max = 6   max = 8

1	2	3	4
5	6	7	8
8	7	6	5
4	3	2	1

max = 8   max = 6

Max-
$\longrightarrow$
Pooling

6	8
8	6

Abb. 2.24 Demonstration des Max-Poolings

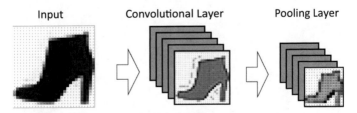

Input   Convolutional Layer   Pooling Layer

Abb. 2.25 Wirkungsweise eines Covolutional Layers mit anschließendem Pooling Layer

über Overfitting. Convolutional networks können ebenfalls mittels Backpropgation trainiert werden, was sie zu einem Verfahren des Supervised Learnings macht.

Bis jetzt wurde der Fokus auf die neutrale Vermittlung zentraler Begriffe rund um Neuronale Netze gelegt. Im nächsten Kapitel werden darum die Möglichkeiten, jedoch auch die bekannten Grenzen Neuronaler Netze eingehender in den Fokus genommen.

Best Practice: Möglichkeiten und Grenzen Neuronaler Netze

3

Zusammenfassung

Neuronale Netze können Erstaunliches leisten. Egal ob in Wissenschaft oder in kommerziellen Anwendungen, sie haben sich für viele Aufgaben als fester und verlässlicher Partner bewährt. Den Netzen hilft, dass sie prinzipiell jeden Input-Output-Zusammenhang approximieren bzw. wiedergeben können. Diese universelle Approximationsfähigkeit wird zunächst mit weiteren Vorteilen in diesem Kapitel näher beleuchtet. Die vielen Vorteile haben Neuronalen Netzen den Ruf der eierlegenden Wollmilchsau beschert. Ein differenzierter Blick zeigt jedoch auch Grenzen Neuronaler Netze. Diese Grenzen werden im zweiten Teil dieses Kapitels behandelt. Jeder Mensch mit der Intention der Nutzung Neuronaler Netze ist gut beraten, die Grenzen und Nachteile zu kennen, denn eine voreilige Festlegung auf diese Technologie kann zeit- und ressourcenintensiv sein.

3.1 Vorteile und Möglichkeiten Neuronaler Netze

Neuronale Netze sind universelle Approximatoren. Dieser kurze Satz hat es in sich. Er besagt im Kern, dass, egal wie komplex eine Beziehung zwischen Input- und Outputvariablen sein mag, es

© Springer Fachmedien Wiesbaden GmbH, ein Teil von
Springer Nature 2022
D. Sonnet, *Neuronale Netze kompakt,* IT kompakt,
https://doi.org/10.1007/978-3-658-29081-8_3

immer ein Neuronales Netz geben wird, welches diese Beziehung approximieren bzw. wiedergeben kann. Als Anwendung dessen, schauen wir uns das Beispiel der Approximation der Funktion

$$f(x) = x^2 \qquad (3.1)$$

für $0 \le x < 1$ an. Der Funktionsverlauf wird aus Abb. 3.1 ersichtlich. Obwohl die Funktion nicht linear ist, zeigt sie im Intervall $0 \le x < 1$ einen sehr gemäßigten Verlauf.

Es wurde eine Datei mit 200 Werten für x und $f(x)$ gemäß der Funktionsdefinition in (3.1) erstellt und diese Input-Output-Relation einem Neuronalen Netz zum Lernen präsentiert. Eine Kurzübersicht der Lerndaten sowie der Approximation (hier Prediction genannt) von $f(x)$ findet sich in Tab. 3.1.

Der grafischen Vergleich zwischen der Funktion und ihrer Approximation durch das Neuronale Netz ist in Abb. 3.2 illustriert.

Es wird aus dem Plot aus Abb. 3.2 deutlich, dass die Werte der Approximation recht ähnlich zu den Werten der Ausgangsfunktion sind. Der Root-Mean-Squared-Error beträgt hier 0,07.

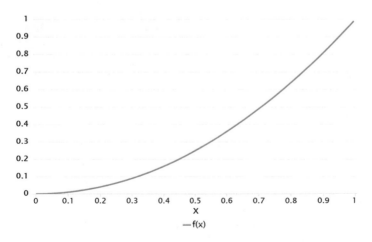

Abb. 3.1 Plot der Funktion $f(x) = x^2$ für $0 \le x < 1$

Tab. 3.1 Wertetabelle zur Funktion $f(x)$ aus (3.1)

id	x	$f(x)$	prediction($f(x)$)
1	0,0000	0	−0,0074
2	0,0000	0,005	−0,0065
3	0,0001	0,01	−0,0056
4	0,0002	0,015	−0,0047
5	0,0004	0,02	−0,0038
⋮	⋮	⋮	⋮
197	0,9604	0,98	0,9400
198	0,9702	0,985	0,9475
199	0,9801	0,99	0,9550
200	0,9900	0,995	0,9624

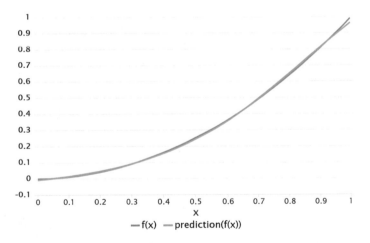

Abb. 3.2 Plot der Funktion (blau) aus 3.1 sowie ihrer Approximation (grün) durch ein Neuronales Netz

Das zur Approximation genutzte Netz ist verhältnismäßig simpel. Es handelt sich um ein Feedforward-Netz, mit lediglich einer versteckten Schicht mit einem einzelnen Neuron. Das Output-Neuron wird über ein Schwellenwertneuron (Biasneuron) gesteuert, was eine einfache Alternative zur direkten Verwendung eines Schwellenwertes darstellt (Abb. 3.3).

Es entsteht hier die Frage, wenn bereits ein kleines Netzwerk in der Lage ist, die 200 Input-Output-Kombinationen gut zu approximieren, ob ein größeres Netzwerk ggf. noch besser approximieren könnte. Die Antwort ist eindeutig mit ja zu beantworten. In Abb. 3.4 ist das Ergebnis der Approximation des gleichen Datensatzes aus Tab. 3.1 durch ein Neuronales Netz mit einer versteckten Schickt und zwölf Neuronen dargestellt.

Das größer dimensionierte Netz erreicht einen RMSE von 0,05, der somit den alten Wert von 0,07 unterschreitet. Der RMSE-Wert wurde aufgenommen, da auf dem grafischen Vergleich die Verbesserung durch das größere Netz kaum erkennbar ist. Kann man nun folgern, dass ein größeres Netz mit mehr Schichten und mehr Neuronen immer besser als ein kleiner dimensioniertes Netz ist. Leider nein. Auf diesen Punkt wird zu einem späteren Zeitpunkt unter dem Stichwort Overfitting noch genauer eingegangen.

Zunächst beschäftigen wir uns weiter mit der großartigen universellen Approximationseigenschaft Neuronaler Netze. Das „Universal Approximation Theorem" für Neuronale Netze besagt grob gesprochen, dass jeder funktionale Zusammenhang zwischen Input (x) und Output $(f(x))$ beliebig genau durch ein Neuronales Netz approximiert (approx($f(x)$) = g(x) werden kann, wenn ein

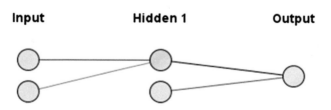

Input   **Hidden 1**   **Output**

Abb. 3.3 Zur Approximation von $f(x) = x^2$ für $0 \leq x < 1$ genutzte Neuronale Netz

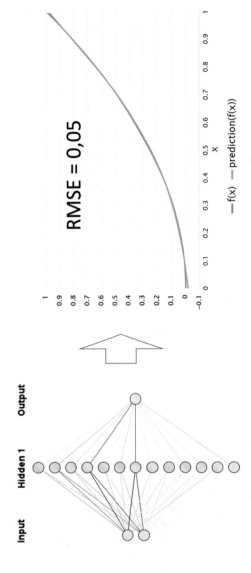

Abb. 3.4 Eine versteckte Schicht mit 15 Neuronen sowie die Approximation von $f(x) = x^2$ für $x \leq 1$

hinreichend groß genug dimensioniertes Netz während des Trainings verwendet wird. Formaler formuliert kann man sagen, dass zu jedem beliebigen $\epsilon > 0$ eine Approximation durch ein Neuronales Netz $g(x)$ existiert mit der Eigenschaft

$$|f(x) - g(x)| < \epsilon \text{ für alle Inputs } x. \tag{3.2}$$

Es sei noch einmal darauf hingewiesen, dass die Ungleichung aus (3.2) für jedes noch so kleine ϵ erfüllt wird, selbst für den ersten Wert nach 0.

Weiter sei erwähnt, dass die in (3.2) formulierte universelle Approximationseigenschaft bereits durch ein Netz realisiert werden kann, wenn es lediglich über eine einzige versteckte Neuronenschicht verfügt [9]. Eine versteckte Schicht ist ausreichend, allerdings gibt es keine universelle Erkenntnisse über die benötigte Anzahl der einzusetzenden Neuronen auf dieser einen Schicht.

In (3.2) werden mathematische Funktionen verwendet. Es sei ausdrücklich darauf hingewiesen, dass hier nicht ausgedrückt werden soll, dass Neuronale Netze lediglich mathematische Funktionen $f(x)$ mit beliebiger Genauigkeit approximieren können. Vielmehr ist hier die Funktionsvorschrift $f(x)$ als eine Formulierung einer Beziehung zwischen Input- und Outputwerten zu verstehen. Das kann eine mathematische Funktion wie z. B. $f(x) = x^2$, sein, die einem Input-x-Wert, z. B. $x = 0,5$, den Output $f(0,5) = 0,5^2 = 0,25$ zuordnet. Funktionale Zusammenhänge findet man jedoch quasi überall, hier ein paar Beispiele:

- Die Gesamtkosten (= Output) pro Jahr eines Unternehmens hängen von diversen möglichen Inputs, wie z. B. Anzahl der Mitarbeiter*innen, Anzahl der produzierten Produkte oder erbrachter Dienstleistungen, Quadratmeter der Firmenzentrale und vielen weiteren Faktoren, ab.
- Die Übersetzung eines französischen Buchs (= Output) hängt von den Inputs, (Wörtern des Originaltextes) ab. Anmerkung: Ein Text kann in verschiedenen Weisen übersetzt werden. Insofern kann es auch mehrere Funktionen zwischen Inputs und Output geben.

- Die Rundenzeit (Output) eines Rennwagens auf einem Parcours hängt z. B. von diesen Inputs ab: Talent der Fahrerin bzw. des Fahrers, der technischen Gegebenheiten des Fahrzeugs, Fahrverhalten und Fahrvermögen der anderen Fahrer*innen etc.
- Die Bonität (Output) eines Menschen könnte beispielsweise von den Inputs Einkommen, Vermögen, Bewegungen auf dem Bankkonto sowie Transaktionen auf der Kredit- und ec-Karte beeinflusst sein. Auch hier sind weitere diverse Inputs natürlich denkbar.
- Der Eignung (Output) einer Mitarbeiterin bzw. eines Mitarbeiters für eine betriebliche Aufgabe hängt unter anderem von den folgenden Faktoren (Inputs) ab: persönliche Fähigkeiten, Fittness in Bezug auf das bestehende Team, fachliche Qualifikation, Vorerfahrungen, Gehaltswunsch etc.
- Das von einem Menschen bevorzugte TV-Programm (Output) vermag beispielsweise abhängen von diesen Inputs: Alter, Geschlecht, Wohnort, Bildungsstand, Lebenssituation etc.
- Die Eignung eines Medikaments (Output) für einen Menschen hängt bestimmt unter anderen von den folgenden Inputs ab: Alter, Geschlecht, Vorerkrankungen, Einnahme anderer Medikament, Symptome und diagnostizierte Krankheit.

Die Aufzählung der letzten Liste wurde bewusst aus einem breiten Spektrum gewählt. Es soll verdeutlicht werden, dass Funktionen, also die Beschreibung von Relationen zwischen Inputs und Output eigentlich allgegenwärtig anzutreffen sind. Darum ist das „Universal Approximation Theorem" für Neuronale Netze für viele praktische Anwendungen sehr interessant. Das Netz kann hinreichend gute Beschreibungen bzw. Approximationen einer Funktion liefern, wenn a. genug Input-Output-Daten der Funktion vorliegen und b. das Neuronale Netz in Bezug auf die Komplexität der zu approximierenden Funktion mit genug Schichten und Neuronen ausgestattet wird. Es soll deutlich betont werden, dass ein Neuronales Netz die Sinnhaftigkeit eines funktionalen Zusammenhang zwischen In- und Outputs nicht hinterfragt. Dem Netz ist es egal, ob die Inputs tatsächlich einen kausalen Effekt auf einen Output besitzen oder nicht. Des Weiteren ist dem Netz nicht wichtig, ob die Daten vollständig und inhaltlich richtig sind. Das „Universal

Approximation Theorem" besagt somit lediglich, dass eine Approximation der verwendeten Daten möglich ist. Das Theorem geht auf Hornik, Tinchcombe und White und ihrem Aufsatz „Multilayer Feedforward Networks are Universal Approximators"[20] aus Jahr dem 1989 zurück.

Die universelle Approximationseigenschaft ist ein immenser Vorteil für die bzw. den Anwender*in, denn es ist klar, dass ein Neuronales Netz zumindest in der Theorie geeignet ist, jedes gegebene Approximationsproblem zu lösen. Neben diesem Vorteil wird nun auf die Erläuterung weiterer Vorteile von Neuronalen Netzen fokussiert. Als wichtige Eigenschaft sei die Generalisierungsfähigkeit genannt. Dazu betrachten wir zunächst folgendes fiktives Beispiel. Angenommen ein Eisgeschäft führt Buch und hält fest, bei welcher Außentemperatur in Grad Celsius wie viele Eiskugeln an einem Tag verkauft wurden. Nach zehn Tagen sähe die Liste wie in Tab. 3.2 dargestellt aus.

Visualisiert sind die Daten der Tab. 3.2 in Abb. 3.5. Sie legt nahe, dass ein Zusammenhang zwischen der Außentemperatur und der Anzahl der verkauften Eiskugeln vermutet werden kann.

Hier kommen selbstverständlich sofort andere Aspekte ins Spiel, wie dass der Zusammenhang bestimmt nicht für jede Außentemperatur angewendet werden kann. Beispielsweise werden Menschen

Tab. 3.2 Außentemperatur und verkaufte Eiskugeln einer fiktiven Eisdiele

Temperatur	Eisverkäufe
20	1056
21	1102
20	1026
24	1277
25	1307
23	1199
25	1315
22	1118
23	1185
24	1238

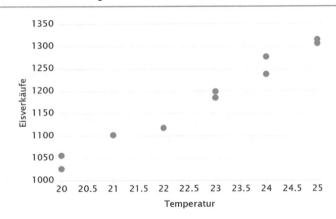

Abb. 3.5 Visualisierung der Daten aus Tab. 3.2

bei über 50 °C vermutlich sogar weniger Eis essen, als bei 25 ° Oder es gibt bestimmt eine Temperaturuntergrenze, ab der überhaupt kein Eis mehr gegessen wird. Es könnte auch möglich sein, dass die Daten vom verkaufenden Personal falsch notiert wurden. Weiter könnte erdacht werden, dass die Eisverkäufe an den ersten fünf Tagen künstlich niedrig waren, da eine Baustelle vor dem Eiswagen bestand etc. Von diesen ganzen Aspekten wird hier jedoch kurz Abstand genommen, da de facto in dem Beispiel lediglich die Daten aus Tab. 3.2 und keine weiteren Informationen bekannt sind, und des Weiteren die Generalisierungsfähigkeit erläutert werden soll. Darum bleiben wir für den Moment bei der getroffenen Aussage, dass je wärmer es draußen ist, desto mehr Eiskugeln das Geschäft vermutlich verkaufen wird. Uns Menschen fällt es leicht, diesen Zusammenhang verbal zu formulieren und ihn damit zu generalisieren. Die Formulierung dieses generellen Zusammenhangs hilft uns dabei, uns von den Daten zu lösen und Prognosen abzugeben, zu denen uns keine Trainingsdaten vorlagen. Beispielsweise werden die meisten Menschen auf die Frage: „Wie viele Eiskugeln wird der Eisladen bei einer Temperatur von 26 Grad verkaufen?", vermutlich mit circa 1350 antworten, da 1350 den linear weitergeführten Trend darstellt.

Unter der Generalisierungsfähigkeit eines Neuronalen Netzes versteht man ebenfalls die Erkennung des strukturellen Musters des Netzes zwischen Temperatur und Eisverkäufen. Das Netz hätten den strukturellen Zusammenhang erfasst, wenn es in der Lage ist, auf unbekannten historischen Daten aus der gleichen Quelle plausible Ergebnisse zu prognostizieren (in Analogie zum Menschen).

Wir erweitern darum unser Beispiel aus Abb. 3.5 um Testdaten, die als grüne Punkte in Abb. 3.6 dargestellt sind.

Das Netz ist dann in der Lage zu generalisieren, wenn es grob gesprochen die blauen Punkte im Rahmen eines Trainings nutzen kann, um dann die Lage der grünen Punkte hinreichend genug zu prognostizieren. Zu diesem Zweck wurde ein Netz mit einer versteckten Schicht und fünf Neuronen ausschließlich auf den blauen Punkten trainiert, und dann anschließend die grünen Punkte als Anfrage dem Netz präsentiert. Das Ergebnis ist in Abb. 3.7 visualisiert. Sie zeigt im rechten Teil die Prognose auf den grünen (unbekannten) Testdaten. Ob die blauen Punkte hinreichend genug approximiert wurden, sei der individuellen Meinung der Leserin

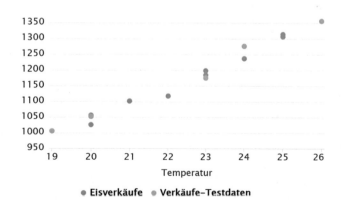

Abb. 3.6 Erweiterung des Beispiels aus Abb. 3.5 um Testdaten

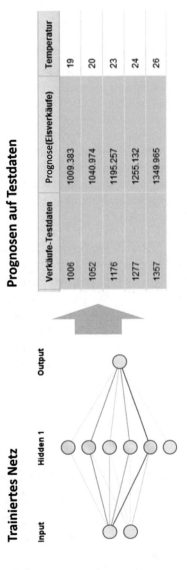

Abb. 3.7 Trainiertes Netz samt Prognosen auf Testdaten (grüne Punkte aus Abb. 3.6)

bzw. des Lesers überlassen. Allerdings erscheint es zweifelsfrei, dass das Netz in der Lage ist die, unbekannten grünen Punkte verhältnismäßig gut wiederzugeben. Insofern unterstellen wir dem hier genutzten Netz eine gewisse Generalisierungsfähigkeit.

Wir werden an späterer Stelle des Buches die Frage aufwerfen, ob nicht eine größere Netzstruktur als die in dem linken Teil der Abb. 3.7 gezeigte, noch besser bzw. akkurater in der Lage gewesen wäre, die grünen Punkte zu approximieren. Diese Überlegung wird uns zum sogenannten Overfitting führen. Vorweggenommen kann gesagt werden, dass nicht immer ein größer dimensioniertes Netz auch zu besseren Prognosen auf den ungesehenen Testdaten führt. Dazu aber zu einem späteren Zeitpunkt mehr.

Es wurde die Generalisierungsfähigkeit Neuronaler Netze an einem einfachen Beispiel demonstriert. Sie gilt als wichtiger Vorteil, zumal sie nicht an die Spezifikation eines theoretischen Modells geknüpft ist. Neuronale Netze bieten Modellfreiheit. Hier ist gemeint, es musste nicht erst z. B. ein Marktmodell, welches die Variablen Eiskugeln und Temperatur berücksichtigt, erstellt werden, bevor das Modell sinnvoll trainiert werden konnte. Ein Neuronales Netz braucht grob gesprochen eigentlich zunächst erst einmal nur Daten und nicht noch weiter ein zugrunde gelegtes spezifiziertes Modell, was einen weiteren Vorteil darstellt. Des Weiteren werden oft die Vorteile Robustheit und Fehlertoleranz im Zusammenhang mit Neuronalen Netzen genannt. Dabei ist gemeint, dass die Netze auch dann noch ggf. plausible Prognosen liefern können, wenn die Eingabedaten leicht manipuliert werden. Das Netz reagiert im Allgemeinen nicht stark sensitiv auf veränderte Daten. Diese Robustheitseigenschaft wird im Rahmen von vielen Prognosen sehr geschätzt. Weiter gelten Neuronale Netze als robust bzw. fehlertolerant, wenn zum Beispiel einige Teile (Neuronen oder Verbindungen zwischen Neuronen) eines Netzes zerstört oder manipuliert werden. Da das Wissen eines Netzes im Optimalfall auf vielen Verbindungen und Neuronen (den Schwellenwerten) gespeichert ist, versagt ein Netz nicht sofort, wenn kleinere Teile ausfallen. Die Verteilung des Wissens auf das ganze Netz bietet eine weitere interessante Eigenschaft. Wenn sich Teile der zu lernenden Daten verändern, muss das Netz nicht komplett von vorne trainiert werden, sondern kann sozusagen upgedatet werden.

Dieser Vorteil wird speziell bei großen und komplexen Datensätzen sehr geschätzt, da das Training durchaus zeitintensiv sein kann. Da lohnt es sich, das Netz eher auf leicht geänderte, einzelne Datensätze zu updaten, statt es komplett neu zu trainieren.

In sehr vielen Szenarien in- und außerhalb der Wissenschaft sind nicht lineare regelmäßig anzutreffen, weshalb Neuronale Netze gerne als Werkzeug eingesetzt werden. Die Netze müssen ggf. über sogenannte Hyperparameter, wie z. B. Lernrate, Anzahl Epochen, Anzahl Neuronen und Schichten, Normalisierungsparameter[1] etc., verfeinert werden, um auf nicht linearen Datenzusammenhängen gute Ergebnisse zu erzielen. Allerdings ist die Anzahl der möglichen Hyperparameter im Vergleich zu anderen Verfahren des maschinellen Lernens nicht besonders erhöht.

Oft erreichen Neuronale Netze schon in einer Grundkonfiguration gute Approximationsergebnisse, und das Finetuning der Hyperparameter wird erst angestrebt, um die Prognoseleistung zu steigern. Als letzter Vorteil Neuronaler Netze sei genannt, dass sie selbst bei sehr großen Datenmengen und vielen Attributen (vereinfacht gesagt ist das die Spaltenanzahl in der Trainingsdatei) trainierbar sind. Ggf. muss eine verlängerte Trainingszeit in Kauf genommen werden.

Nachdem herausgestellt wurde, dass Neuronale Netze weitreichende Vorteile bieten und sie sich für die Approximation diverser realer Fragestellungen (Funktionen) eignen, ist es Zeit, auf die andere Seite der Medaille zu schauen und zu beleuchten, welche praktischen Grenzen für sie gelten. Dies wird das Anliegen des nächsten Abschnitts sein.

---

[1] In dieser kompakten Lektüre werden nicht alle Parameter im Detail besprochen.

3.2   Grenzen Neuronaler Netze

Wie für andere Verfahren des maschinellen Lernens gilt auch für
Neuronale Netze, dass ihre Prognoseleistung von der Qualität der
Trainingsdaten abhängt.

Es darf nicht erwartet werden, dass Neuronale Netze wie
ein Alchemist Blei in Gold verwandeln können. Oder anders
ausgedrückt kann nicht erwartet werden, dass aus schlechten
Daten ein sehr gut funktionierendes Neuronales Netz erstellt
werden kann.

Als fiktives Illustrationsbeispiel für diesen Umstand sei die Klassifikation von vier Handys und vier Tablets betrachtet. Für alle acht
Geräte liegen jeweils die folgenden Informationen/Variablen vor:

- Gewicht in g,
- Größe des Displays in cm^2,
- Ram-Speicher in GByte,
- Displayhelligkeit in cd/m^2 (gemessen in Candela pro Quadrat-
  meter).

Aus dem linken Teil der Abb. 3.8 wird deutlich, dass die beiden
Variablen Gewicht und Displaygröße eine effiziente Klassifikation
von Handys und Tablets zulassen. Im rechten Teil der Abb. 3.8 ist
die gleiche Klassifikation der vier Handys und vier Tablets unter
Nutzung der Variablen Ram-Speicher und Displayhelligkeit illustriert. Aus dem direkten Vergleich der Grafiken in Abb. 3.8 wird
deutlich, dass für das fiktive Klassifikationsproblem bessere und
schlechte Variablenkombinationen existieren. Gewicht und Displaygröße zusammen ermöglichen die Erstellung eines guten Klas-
sifikationsmodells wohingegen Ram-Speicher und Displayhelligkeit nicht passend erscheinen. Das hier skizzierte Beispiel steht
jedoch für viele Praxisanwendungen. In der Realität besteht oft
die Qual der Wahl, und es muss eine Entscheidung getroffen werden, welche Variablen während des Trainings zu verwenden sind.

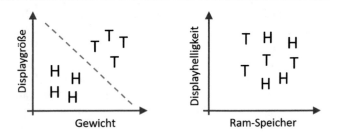

Abb. 3.8 Vergleich zweier Variablensetups zur Handy- und Tablet-Klassifikation

Leider ist es nicht immer so offensichtlich wie im obigen Beispiel, welche Variablen zu wählen sind. Das Vorgehen, einfach alle Variablen für das Training des Neuronalen Netzes zu verwenden, ist zwar verführerisch, jedoch in der Praxis oft keine gute Alternative. Zum einen verlängert sich das Training ggf. immens, zum anderen wird die Prognosefähigkeit des Netzes durch irrelevante bzw. schädliche Variablen reduziert. Neuronale Netze können es nicht leisten, dass sie sorglos mit Variablen gefüttert werden und anschließend immer ein gutes Modell repräsentieren. Im Unterkapitel über Deep Learning 2.1.3 ist dargestellt, dass Deep Learning zwar in der Lage ist, die Zuordnung von komplexen Daten zu den gewünschten Outputs in den Trainingsdaten durch die Verkettung über eine tiefschichtige Netzstruktur zu realisieren. Es wird speziell an die skizzierte Decodermöglichkeit, die von Hinton und Salakhutdinov in [18] veröffentliche wurde, erinnert. Deep Learning kann durch ihren Aufbau bei der Variablenauswahl unterstützen, es jedoch nicht komplett ersetzen. Das Problem der Auswahl guter Variablenkombinationen wird im maschinellen Lernen unter der Überschrift der „Feature Selections" geführt. Dieses Thema wird an dieser Stelle nicht weiter vertieft. Für ein etwaiges weiteres Studium wird der Aufsatz „An introduction to variable and feature selection " von Guyon und Elisseeff[15] als Einstieg empfohlen.

Die spezielle Art der Informationsspeicherung von Deep Learning ist mächtig und sehr reizvoll. Allerdings können sich daraus auch Probleme ergeben. Die Autoren Xu et al. beschreiben in ihrem

Aufsatz „Adversarial Attacks and Defenses in Images, Graphs and Text: A Review"[49] Methoden, wie das Training von Neuronalen Netzen manipuliert werden kann. Sie beschreiben Verfahren, die Veränderungen an Bilddaten durchführen können, die für den Menschen jedoch nicht sichtbar sind. Diese Datenmanipulationen führen dazu, dass ein mit diesen Daten trainiertes Netz falsche Zusammenhänge erkennt. Die in Abb. 2.12 verdeutlichte mächtige Speicherungsmöglichkeit komplexer Daten kann dadurch missbraucht werden. Speziell bei sicherheitsrelevanten Anwendungen, wie z. B. beim autonomen Fahren, muss dieser Aspekt berücksichtigt werden.

> Weiter klang an der einen oder anderen Stelle bereits durch, dass Neuronale Netze nicht für jede individuelle Lernaufgabe immer die beste Wahl sind. Es gilt sorgfältig abzuwägen, ob die jeweiligen Vorteile die Nachteile überwiegen. Zum Beispiel kann das Training eines Neuronalen Netzes sowohl zeit- als auch rechenintensiv sein. Bezogen auf die Gewichte eines Neuronalen Netzes ist die z. B. Frage der Erstinitialisierung quasi zum Trainingsstart des Netzes zu klären. Zum einen beeinflussen günstige Startwerte die benötigte Trainingszeit des Netzes. Schlechte Startwerte können die Trainingszeit deutlich verlängern.

Eng mit der Wahl von Startwerten können spezifische Herausforderungen im Zusammenhang mit dem Backpropagation-Algorithmus genannt werden. In Abschn. 2.2 wurde der Algorithmus vorgestellt. Er stellt im Bereich der Supervised Lernverfahren eine weit verbreitete Methode dar. Motiviert wurde der Algorithmus in dem Abschnitt durch das Beispiel, dass eine Wanderin bzw. ein Wanderer plötzlich von starkem Nebel im Gebirge überrascht wurde. Sie bzw. er war in dem Beispiel nicht mit technischen Geräten, wie z. B. einem GPS-Gerät, ausgerüstet, die den Weg ins Tal weisen konnten. Darum blieb ihr bzw. ihm lediglich möglich, lokal bei jedem Schritt neu zu prüfen, in welche Richtung der Weg ins Tal führen könnte. Theoretisch müsste die Wanderin bzw.

der Wanderer nur solange mit jedem Schritt dem steilsten Abstieg folgen, bis das Tal erreicht ist. Allerdings existiert bei diesem Vorgehen hier mindestens ein praktisches Problem. Wie Abb. 3.9 illustriert, kann die Strategie der Verfolgung des stärksten Abstiegs dazu führen, dass die Wanderin bzw. der Wanderer dem Trugschluss unterliegt, unten im Tal angekommen zu sein, wenn sie oder er in einer Kuhle (in der Grafik als „lokales" Tal bezeichnet) angekommen ist. Da für den wandernden Menschen kein weiterer Abstieg möglich erscheint, wird der Abstieg im „lokalen" Tal beendet.

Das „lokale" Tal wurde bewusst als solches bezeichnet, um die Nähe zu einem lokalen Minimum bei Funktionen in der Mathematik zu unterstreichen. Auch hier tritt ggf. das gleiche Phänomen auf. Wenn eine Funktion mehrere lokale Täler besitzt, ist ohne die Untersuchung aller Täler nicht a priori klar, welches das tiefste aller Täler ist. Eine lokale Suche kann sowohl den Backpropagation-Algorithmus als auch den oder die Wander*in in ein suboptimales Tal führen.

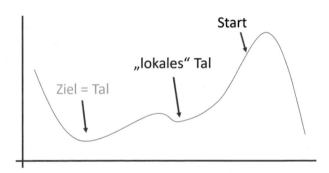

Abb. 3.9 Der Abstieg gemäß des stärksten Abstiegs führt einen Menschen nicht immer ins Tal

Es bleibt festzuhalten, dass ein Neuronales Netz, welches mit dem populären Backpropagation-Algorithmus trainiert wurde, nicht sicher die beste Lösung im Sinne der besten Kantengewichte und Schwellenwerte für die Neuronen zur Approximation der Input-Output-Daten erzeugt. Gegebenenfalls bleibt der Algorithmus in einem lokalen Minimum hängen, was durchaus problematisch werden kann, wenn es unerkannt bleibt.

Eine recht verlässliche Methode zur Überprüfung, ob der Algorithmus in ein lokales Minimum gelaufen ist, stellt die Möglichkeit, das Netz mehrfach mit unterschiedlichen zufällig gewählten Startwerten an Kantengewichten zu trainieren. Übersetzt für Abb. 3.9 hieße dies, dass unterschiedliche Startwerte auf dem Berg gewählt werden. Wenn das Training[2] immer zum gleichen Endergebnis führt, kann die oder der Anwender*in davon ausgehen, dass das Phänomen nicht aufgetreten ist.

Die mögliche Iteration in ein lokales Minimum auf der Fehlerfunktion ist leider nicht das einzige Problem des Backpropagation-Algorithmus. In Abb. 3.10 sind drei weitere Phänomene gezeigt. Der in Abschn. 2.2 vorgestellte Gradient kann auf flachen Teilen der Fehlerfunktion derart klein werden, dass der Algorithmus nur sehr langsam voranschreitet. Im Extremfall kommt das Verfahren bei waagerechten Plateaus sogar zum Erliegen. Dieser Fall ist in Abb. 3.10 mit 1. Langsam illustriert. Der Fall 2. Oszillieren beschreibt die Situation, dass das Verfahren in einer Schlucht beginnt sich zu wiederholen. Diese besondere Konstellation kann jedoch nur auftreten, wenn eine sehr steile Schlucht vorliegt. Fall 3. lokales Minimum wurde bereits erwähnt. Im Fall 4. Überspringen, führt ebenfalls eine besondere Konstellation einer schmalen und

---

[2] In dem Beispiel des aufkommenden Nebels würde diese bedeuten, dass die Wanderin bzw. der Wanderer per Helikopter an unterschiedlichen Stellen ausgesetzt werden müsste.

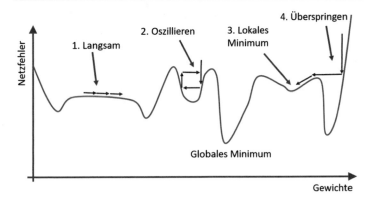

Abb. 3.10 Zusammenfassung möglicher Probleme beim Backpropagation-Algorithmus

steilen Schlucht auf der Fehlerfunktion dazu, dass das Verfahren ein eigentlich gutes Minimum überspringt.

Schauen wir auf eine weitere praktische Grenze Neuronaler Netze. In Kap. 5 wird eine Fallstudie zum sogenannten Fashion-MNIST-Datensatz dargestellt. Für die genaue Vorstellung des Datensatzes sei auf das jeweilige Unterkapitel verwiesen. An dieser Stelle wird der Satz genutzt, um einen kurzen Vergleich zwischen verschiedenen ausgewählten Verfahren des Machine Learnings in Bezug auf Trainingszeiten und Errorraten durchzuführen. Der Datensatz besteht aus 15.000 Zeilen und 785 Spalten. Er wird benutzt, um ein kleines bzw. seichtes Neuronales Netz mit zwei versteckten Schichten, ein großes Netz mit vier versteckten Schichten, Gradient Boosted Trees, k-NN sowie ein Generalized Linear Model (kurz GLM) zu trainieren. Die einzelnen Verfahren werden anschließend nach dem Training bezüglich ihrer erreichten Fehlerrate in % ausgewertet. Hierfür werden jedem Verfahren 2500 Testdaten präsentiert und anschließend die erreichte Fehlerrate ermittelt. Die Verfahren Gradient Boosted Trees, k-NN und GLM werden hier nicht neuer erläutert. Die Ergebnisse dieses Vergleichs sind in Tab. 3.3 zusammengetragen.

Aus Tab. 3.3 wird deutlich, dass z. B. das Training eines größeren Neuronalen Netzes interessant sein kann, wenn die

Tab. 3.3 Vergleich unterschiedlicher Verfahren in Bezug auf Trainingszeit und Fehlerrate

Lerneinheit	Trainingszeit in s	Fehlerrate in %
Neuronales Netz (groß)	50,9	14,8
Neuronales Netz (klein)	7,5	17,6
Gradient Boosted Trees	4,2	20,8
k-NN	0,5	17,9
Generalized Linear Model	7,6	15,6

Trainingszeit eine untergeordnete Rolle spielt. Der Vergleich in Tab. 3.3 kann keine wissenschaftliche Untersuchung ersetzen.

Dennoch kann demonstriert werden, dass ggf. Neuronale Netze langsamer als andere Verfahren sind, was speziell in praktischen Anwendungen eine wichtige Rolle spielen kann, wenn in einer Echtzeitapplikation die Zeit bis zur Prognose essentiell ist.

In diversen Einführungen zum Thema Neuronale Netze wird ihre Nähe des Aufbaus zum menschlichen Gehirn herausgestellt. Alle Leser*innen werden aufgefordert, den Begriff Neuronale Netze einmal in einer Suchmaschine ihrer Wahl zu suchen. Sofort erscheinen Bilder, die einen Bezug zum menschlichen Gehirn suggerieren. In diesem Buch wurde darauf verzichtet, diese explizite Nähe herauszustellen. Allerdings erscheint es in dieser Sektion, die sich den Grenzen Neuronaler Netze widmet, als gegeben, darauf hinzuweisen, dass Neuronale Netze sich nur sehr bedingt zur Erklärung des menschlichen Gehirns eigenen. Die Wirkungsweise der Netze kann mit grundsätzlichen Annahmen der Biologie in einigen Aspekten in Konflikt geraten.

Ein gutes Beispiel ist der im Abschn. 2.2 vorgestellte Backpropagation-Algorithmus, bei dem eine Informationsverarbeitung rückwärts durch das Netzwerk geschieht. Die Eigenschaft wird bei menschlichen Gehirnen nicht gemessen. In Summe ist darum ein Neuronales Netz nur sehr vorsichtig im Zusammenhang mit ihren biologischen Vorbild in einem Atemzug zu nennen.

Ein oft genannter Nachteil Neuronaler Netze mit großer Implikation für praktische Anwendungen ist ihr Black-Box-Charakter.

In sehr kleinen Netzwerken, wie z. B. das in Abb. 3.3 dargestellte Netz, ist es dem Menschen möglich, nachzuvollziehen, wie das Netz einen Outputwert zu gegebenen Inputs errechnet hat. Bei größeren Netzen ist dies nicht mehr möglich. Die Anzahl der Neuronen, die Anzahl der Kanten (Verbindungen) zwischen den Neuronen und unterschiedliche Schwellenwerte und Aktivierungsfunktionen sowie weitere Parameter wären zu vielfältig. Für den Einsatz von Neuronalen Netzen in gewissen Einsatzgebieten ist die Black-Box-Eigenschaft unerheblich. Zum Beispiel setzt die Klassifikation von Äpfeln, die entweder in den Verkauf oder zur Entsaftung gegeben werden, nicht voraus, dass der Mensch nachvollziehen kann, warum ein konkreter Apfel als Verkaufsapfel klassifiziert wird. Solang das trainierte Netz seine Aufgabe zuverlässig unterhalb einer gesetzten Fehlerrate erledigt, kann der Einsatz in Erwägung gezogen werden. Andere Bereiche wie z. B. die Bestimmung der Bonität eines Menschen oder die Entscheidung bzgl. der Eignung von Bewerber*innen auf vakante Positionen, müssen transparent und nachvollziehbar sein. Speziell bei den beiden genannten Beispielen kann es sonst z. B. passieren, dass ein Netz unentdeckt zu diskriminierendem Verhalten neigt. Machine Learning wird derzeitig für vielfältige Anwendungen innerhalb der Medizin im Rahmen von Entscheidungsunterstützungssystemen vorgeschlagen. Der bzw. die behandelnde Arzt oder Ärztin muss hier jederzeit in der Lage sein, nachvollziehen zu können, warum ein Verfahren eine gewisse Diagnose stellt. Nutzer*innen von Neuronalen Netze muss darüber hinaus bewusst sein, dass die

Netze getäuscht werden können. Zum Beispiel können manipulierte Straßenschilder für autonom fahrende Autos, die auf Neuronale Netze innerhalb der Erkennungstechnologie setzen, zu ernsthaften Schwierigkeiten führen.

Zusammengefasst gilt, dass selbst wenn ein Neuronales Netz die beste Prognoseleistung innerhalb einer Domain aufweist, der / die Anwender*in auf das nächstbeste nachvollziehbare Machine-Learning-Verfahren ausweichen muss, wenn die Sicherheit oder die Nachvollziehbarkeit von Prognosen im Fokus steht.

Als Folgerung aus der Black-Box-Eigenschaft gilt, dass bei der Auswahl bzw. der Generierung von Lerndaten erhöhte Sorgfalt walten muss. Da es nicht unmittelbar klar ist, wie ein Neuronales Netz Approximationswerte errechnet, kann nicht leicht nachvollzogen werden, welche Inputwerte das Netz tatsächlich zur Prognose heranzieht. Nehmen wir das folgende Beispiel. Das Netz erhält 10.000 Stimmproben (5000 männliche und 5000 weibliche Proben) als Trainingsdaten. Wenn beispielsweise die Hintergrundgeräusche der Trainingsstimmen bestimmte Muster aufweisen, dann wird das Netz unter Umständen dazu verleitet, nicht mehr auf die gewünschten Eigenschaften (männliche oder weibliche Stimmen) zu achten, sondern es klassifiziert die Daten nur noch aufgrund der Hintergrundgeräusche. Dieses Beispiel zeigt, dass viele mögliche Störquellen in realen Applikationen auftreten können, weshalb die Zusammenstellung der richtigen Lern- und Testdaten durchaus zeitintensiv sein kann.

In Abschn. 2.3 wurden besondere Netzwerktypen dargestellt. Wie erwähnt ist diese Liste nicht abschließend. Neuronale Netze unterliegen der aktuellen weltweiten Forschung, und regelmäßig werden neue bzw. veränderte Netzwerktypen vorgestellt. Zum Beispiel haben sich in diversen Anwendungen Convolutional Neural Networks bei der Verarbeitung von Bild- und Audiodaten bewährt. Es existiert jedoch keine ultimative abschließende und wissenschaftlich fundierte Meinung, welcher Netzwerktyp für welche

Problemstellung am Besten anzuwenden ist. Jedoch kollaboriert die (wissenschaftliche) Community intensiv. In wissenschaftlichen Beiträgen wird beschrieben, welche Netzwerktypen sich mit welcher Leistung bewährt haben. Jedoch tauschen sich außerhalb der direkten wissenschaftlichen Community wie z. B. auf www. kaggle.com datenbegeisterte Menschen zu unterschiedlichen Strategien aus. Aus diesen beiden Quellen kann eine Orientierung für eine gegebene Fragestellung gezogen werden.

Oftmals führt kein Weg an Trial and Error vorbei. Für die eigene Applikation empfiehlt es sich, unterschiedliche Netzwerktypen ggf. zu evaluieren und dann anhand von definierten Kriterien, wie z. B. Laufzeit, CPU-Beanspruchung, Prognosegüte etc., zu entscheiden. Der Prozess des Auffindens des richtigen Netzwerktyps kann aus diesem Grund unter Umständen zeit- und ressourcenintensiv sein. Die Erfahrung zeigt, dass das Involvieren eines Senior Data-Scientist mit entsprechender Erfahrung mit unterschiedlichen Netzwerktypen diesen Prozess erheblich abkürzen kann.

Rechenintensiven Applikationen kann auf zwei Wegen begegnet werden. Zum einen ist der Einsatz eines entsprechend potenten Computers / Servers möglich. Für gewisse Applikationen, wie z. B. Simulationen in der Klimaforschung, steigt die benötigte Rechenleistung jedoch so stark an, dass nur noch sogenannte Supercomputer den Anforderungen genügen würden. Diese Computerkategorie ist so teuer, dass sie ggf. nur Institutionen mit großen Budgets zur Verfügung steht. Darum hat sich als Alternative für rechenintensive Applikationen das verteilte Rechnen (engl. distributed computing) bewährt. Die Idee ist simpel. Statt einen Supercomputer an einem Problem arbeiten zu lassen, wird das Problem geschickt in viele kleine Stücke aufgeteilt und viel leistungsschwächere, aber deutlich günstigere Computer mit der Lösung der Teilstücke beauftragt. Die Ergebnisse werden anschließend zusammengefügt. Selbst Personal Computer von Privatmenschen und Unternehmen können am verteilten Rechnen teilnehmen. Zum Beispiel ermöglicht es das

World Community Grid (WCG) www.worldcommunitygrid.org, dass teilnehmende Computer überschüssige Rechenleistung ihres Rechners für die Lösung von zugewiesenen Teilstücken freigeben. Beispielsweise ist das Projekt „Africa Rainfall" ein Teil von WCT, bei dem die Vorhersage von Niederschlägen für Afrika präzisiert werden soll. WCG wird maßgeblich von IBM als Hauptsponsor betrieben. Die sich stellende Frage ist, ob das Training von Neuronalen Netzen sich für das verteilte Rechnen eignet. Das Training eines Neuronalen Netzes erfordert die Anpassung von Gewichten auf den Kantenverbindungen zwischen den Neuronen sowie die Adjustierung der Schwellenwerte der einzelnen Neuronen in verhältnismäßig kurzer Zeit. Das Aufteilen in rechenbare Teilstücke und das Verteilen auf weitere Computer sowie das anschließende Zusammenfügen, zum Beispiel über Apache Hadoop oder Apache Spark, ist darum nur sehr schwer möglich bzw. die Anwendung des verteilten Rechnens wird mit erheblichen Einbußen in Bezug auf die Trainingszeit erkauft.

Im Abschn. 3.1, wurde bereits das Stichwort Overfitting (Überanpassung) erwähnt. In dem dort vorgestellten Beispiel steht ein Eisgeschäft im Mittelpunkt, welches den Zusammenhang zwischen Temperatur und Eisverkäufen durch ein Neuronales Netz approximiert. In dem Beispiel konnte demonstriert werden, dass das Netz die Fähigkeit zu Generalisieren besitzt. Weiter wurde bereits angedeutet, dass größere Netze nicht immer auch eine bessere Prognoseleistungen implizieren. Überanpassung (engl. overfitting) bezeichnet die zu spezifische Anpassung eines Modells an gegebene Trainingsdaten. Vereinfacht gesagt, wird ein Modell so akkurat an eine Lerndatenmenge angepasst, dass es jedoch Schwierigkeiten hat, im Anschluss bei ungelernten Testdaten einen plausiblen Zusammenhang zwischen den Input- und Outputdaten herzustellen. Zur Illustration dieses Phänomens wird hier das Beispiel aus Abb. 3.5 erneut aufgenommen. In Abb. 3.11 wurden der ursprünglichen Grafik willkürlich zwei Prognosemodelle hinzugefügt.

Bei dem grünen Modell handelt es sich um ein lineares und damit um ein eher einfaches Modell. Das rote Modell weist hingegen eine deutlich höhere Komplexität aus. Welches Modell ist zu bevorzugen? Das rote Modell approximiert die blauen Punkte

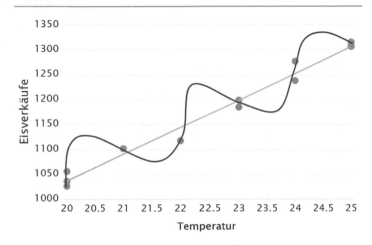

Abb. 3.11 Erweiterung der Abb. 3.5 um zwei fiktive Prognosemodelle

offensichtlich akkurater als das grüne Modell. Allerdings scheint das grüne Modell den generellen Zusammenhang zwischen Temperatur und Eisverkäufen neutraler bzw. allgemeiner darzustellen. Das rote Modell würde z. B. bei einer Außentemperatur von 20,5° gut 1125 Eiskugelverkäufe prognostizieren. Der Wert erscheint willkürlich hoch, da eine derartig hohe Verkaufsmenge erst ab gut 22° zu erwarten ist. Das grüne Modell hingegeben prognostiziert grob den gemittelten Wert an Kugeln bei 20 und 21°, hier 1075. Das rote Modell scheint durch seine vielen Kurven dazu zu neigen, einige nicht plausible und damit unerwünschte Aspekte in die Prognose zu integrieren. Zusammengefasst kann gesagt werden, dass darum eindeutig das grüne Modell zu bevorzugen ist, da das rote Modell zu stark an die blauen Trainingspunkte angepasst wurde (overfitted). Es ist davon auszugehen, dass das rote Modell auf unbekannten Daten keine verlässlichen Prognosen liefern kann. Dies ist ein gutes Beispiel für ein Modell, welches unter Overfitting leidet.

Wie kann ein überangepasstes Modell erkannt werden? Grob kann man sich daran orientieren, dass ein überangepasstes Modell kaum Fehler bei der Wiedergabe gelernter Daten macht, jedoch eine deutlich größere Fehlerrate auf ungelernten Testdaten aufweist. Bei einem ausgeglichen Modell sollte die Fehlerrate des Netzes auf den Lern- und den Testdaten hingegen keine große Spreizung aufweisen.

Tritt Overfitting auch bei Neuronalen Netzen auf? Es wurde bereits dargestellt, dass ein Neuronales Netz ein universeller Approximator ist (vgl. Abschn. 3.1). Ein Neuronales Netz kann aus diesem Grund das grüne oder auch das rote Modell (oder sämtliche Zwischenstufen) sein, je nachdem, wie viele Schichten und Neuronen während des Trainings dem Netz zugestanden werden. Vereinfacht kann gesagt werden, dass je komplexer der Datensatz ist, desto mächtiger (gemeint ist hier, ein Netz mit vielen Schichten und vielen Neuronen) sollte das Neuronale Netz gewählt werden.

> Ein vielschichtiges Netz wird relativ schnell die Tendenz haben, sich an einen einfachen Datenansatz überanzupassen als an einen komplexen Datensatz. In der Praxis hat sich bewährt, dass zunächst ein kleineres Netz trainiert wird und dieses ggf. mit weiteren Schichten bzw. Neuronen ausgestattet wird, wenn die Prognosegüte nicht ausreichend ist. Sollte die Prognosegüte auf den Testdaten jedoch mit fortschreitenden Epochen abnehmen und die Prognosegüte auf den Trainingsdaten weiterhin verbessern (oder zumindest konstant bleiben), ist von einem überangepassten Modell auszugehen.

Ein zum Overfitting neigendes Neuronales Netz kann leicht selbst unter https://playground.tensorflow.org erzeugt werden. Wählen Sie den einfachsten der Datensätze (links unten) aus. Es wird mit einem sehr einfachen Netz begonnen und dann stückweise die Komplexität auf dem gleichbleibenden Datensatz gesteigert. Für alle Modelle sollten die gleichen Startbedingungen gelten. Nutzen Sie als Aktivierung die ReLu-Funktion. Weiter stellen Sie den Regler für das Ratio of training to test data auf 10 %, sowie den Noise-Regler auf 50. Die Batchsize verbleibt bei 10. Es wird keine Regularisierung verwendet, weshalb None und Regularization auf 0 stehen. Alle Netze werden über ungefähr 2400 Epochen iteriert.

- Das Perceptron mit überhaupt keiner versteckten Schicht erreicht auf den Testdaten einen Losswert von 0,117 sowie einen Trainingsloss von 0,122. Die Trainingsdetails zum Perzeptronfall sind in Abb. 3.12 zu finden.
- Ein Netz mit einer versteckten Schicht und zwei Neuronen erreicht auf den Testdaten einen Losswert von 0,134 sowie einen Trainingsloss von 0,018. Abb. 3.13 detailliert diesen Versuch weiter.
- Ein Netz mit vier versteckten Schichten mit jeweils vier Neuronen auf den ersten drei Schichten und zwei Neuronen auf der letzten Schicht erreicht auf den Testdaten einen Losswert von 0,148 sowie einen Trainingsloss von 0,000. Das Szenario ist in Abb. 3.14 dargestellt.

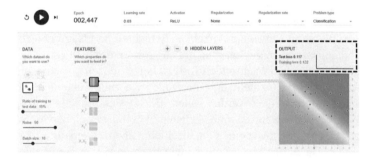

Abb. 3.12 Ein einfaches Netz für einen einfachen Datensatz

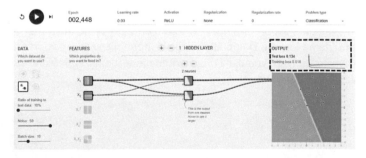

Abb. 3.13 Im Vergleich zum Netz aus 3.12 ist das Netz komplexer, jedoch steigt der Testloss

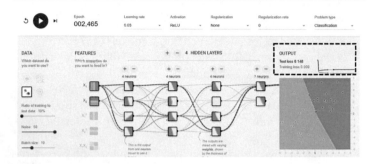

Abb. 3.14 Eine weitere Netzvergrößerung lässt den Testloss steigen und den Trainingsloss sinken

Das in den Abb. 3.12, 3.13 und 3.14 dargestellte Beispiel zeigt deutlich, dass ein größeres Netz nicht immer die bessere Wahl ist. Das Gegenteil ist in dem konkreten Beispiel der Fall. Das gezeigte Netz neigt mit steigender Anzahl an Schichten und Neuronen zur Überanpassung an die Lerndaten. Dies kommt deutlich zum Ausdruck durch einen wachsenden Testloss bei gleichzeitig sinkendem Trainingsloss. Nun stellt sich die Frage, wie viele Schichten und Neuronen verwendet werden sollen. Es hat sich ein sehr praktischer Ansatz bewährt. Grundsätzlich muss ein jedes Netz mindestens eine Input- sowie eine Outputschicht haben. Wenn die zu lernenden Daten das Muster eines nicht linear separierbaren Satzes zeigen, erscheint es unumgänglich, eine erste versteckte Neuronenschicht hinzunehmen. Mit einer versteckten Schicht könnte das Netz bereits alle Input- und Outputdaten repräsentieren - Stichwort „universeller Approximator". Allerdings kann es herausfordernd sein, dem Netz die Daten auch beizubringen. Darum profitiert ein Neuronales Netz von der Hinzunahme einer weiteren Schicht mit wenigen Neuronen.

Zusammengefasst wird empfohlen, bei nicht linear separierbaren Problemen zunächst mit einer versteckten Schicht zu
arbeiten, um dann ggf. moderat sukzessive das Netz sowohl
um die Anzahl der Schichten als auch um die Gesamtanzahl
der Neuronen zu erweitern. In Summe gilt, dass man zunächst
mit so wenig Neuronen und Schichten trainiert und aufstockt,
solange das Ergebnis sich noch signifikant verbessert, ohne
die Generalisierungsfähigkeit durch eine Überanpassung zu
erschweren.

Es wurde bereits 1990 durch die Autoren Fahlmann und Lebiere
beschrieben, mit einem minimalen Netzwerk zu starten und automatisch durch einen von ihnen vorgeschlagenen Algorithmus neue
Schichten und Neuronen hinzufügen. Das Verfahren nennt sich
Cascade-Correlation Learning Achitecture [6].

Nicht nur Neuronale Netze können an die Lerndaten überan-
gepasst werden. Auch andere Verfahren des Machine Learnings
können zum Overfitting neigen. Allerdings kann dieses Verhalten
wie gerade demonstriert bei Neuronalen Netzen gut erkannt und
ggf. gegengesteuert werden. Insofern können zwei Nachteile bzw.
eher Herausforderungen aus dem Overfitting in Bezug für Neuronale Netzwerke abgeleitet werden. Erstens benötigt das Erkennen
bzw. das Verhindern der Überanpassung eines Netzes die Zeit eines
erfahrenen Data Scientists. Ggf. sind einige (kostspielige) Versuche durchzuführen, bevor das richtige Netzsetup ermittelt werden
kann. Zweitens, wenn die Erkennung auf Overfitting nicht oder
nicht richtig durchgeführt wird, gelangt unter Umständen ein überangepasstes Netz in die angedachte Applikation. Bestenfalls sind
die Prognosen hier leicht falsch. Im schlimmsten Fall versagt das
Netz jedoch gänzlich.

Trotz der genannten Herausforderungen erfreuen sich Neuronale Netze zu recht großer Beliebtheit in- und außerhalb der Wissenschaft. Aktuell forschen Wissenschaftler*innen an Möglichkeiten, die Grenzen Neuronaler Netze weiter zu verschieben und
Lösungen für limitierende Faktoren zu finden. Im Kap. 4 werden
nun einige mögliche Entwicklungen vorgestellt.

Ausblick: Mögliche Entwicklungen für Neuronale Netze

4

Zusammenfassung

Neuronale Netze sind ein weltweit aktuell erforschtes Thema. Alle involvierten Wissenschaftler*innen eint das Ziel, Neuronale Netze entweder transparenter, leistungsfähiger oder universeller einsetzbar zu gestalten. Dieses Kapitel versucht, einen Blick nach vorne zu werfen und sich derzeitig abzeichnende Trends zusammenzufassen. Es ist sicher, dass Neuronale Netze bzw. ihre Einsatzmöglichkeiten sich in der Zukunft verändern werden. So wie jede Prognose ist auch die hier getroffene Prognose mit Unsicherheit belegt. In dem hier zusammengestellten Ausblick wird zum einen das Thema, wie Neuronale Netzwerke funktionieren und optimiert werden können, und zum anderen das Thema, wie ein Blick in die Black Box der Neuronalen Netze möglich werden könnte, thematisiert.

4.1 Entschlüsselung der Black Box

Die Funktionsweise (größerer) Netzwerke ist für Menschen schwer bis überhaupt nicht nachvollziehbar. Speziell ein theoretisch umfassendes Verständnis der Netzwerke ist noch nicht vorhanden. Jetzt könnte hinterfragt werden, ob dieses Verständnis überhaupt wichtig ist, solange Neuronale Netze zuverlässig gute, bis sehr gute Approximationsleistungen erbringen. Dem gegenüber steht das Argument, dass aktuell kein zuverlässiger theoretischer Rahmen

© Springer Fachmedien Wiesbaden GmbH, ein Teil von
Springer Nature 2022
D. Sonnet, *Neuronale Netze kompakt,* IT kompakt,
https://doi.org/10.1007/978-3-658-29081-8_4

zur Optimierung größerer Neuronaler Netze zur Verfügung steht. Aktuell ist das Herantasten in Bezug auf Anzahl versteckter Schichten und Anzahl verwendeter Neuronen zu einem gegebenen Datensatz ein häufig anzutreffender Ansatz. Ein präziseres Verständnis der Funktionsweise der Netzwerke wird wahrscheinlich hilfreich sein, z. B. bei der Auswahl der Netzwerktopologie sowie des Lernverfahrens. Ein interessanter Ansatz zur Entschlüsselung der Funktionsweise geht auf die Autoren Shwartz-Ziv und Tishby zurück. Die Wissenschaftler veröffentlichten 2017 unter dem Titel „Opening the Black Box of Deep Neural Networks via Information" [45] ein Paper, welches den Begriff des Informationsengpasses (engl. bottleneck principle) für Neuronale Netze generalisiert. Im Abschnitt zum Deep Learning 2.1.3 ist dargestellt, dass die einzelnen Schichten eines Netzwerks spezifische Informationen beinhalten können. Den Autoren gelingt es, auf diesem Ergebnis aufzubauen und zu zeigen, dass (größere) Neuronale Netze die Eigenschaft besitzen, innerhalb des Trainings nicht nützliche Informationen in den Trainingsdaten zu komprimieren und damit de facto zu filtern, während nützliche Informationen der Trainingsdaten weiterhin zur Verfügung stehen. Sie führen des Weiteren aus, dass sich die Trainingszeit ggf. verkürzt, wenn das Netzwerk mehr versteckte Schichten nutzt. Dieses Ergebnis steht aktuell im Kontrast zur Meinung, dass die Netzwerke bewusst so klein wie möglich zum gegebenen Datensatz gewählt werden sollten. Die Autoren sind zuversichtlich, dass ihre Erkenntnisse zur Ableitung neuer Trainingsalgorithmen für Deep-Learning-Netzwerke genutzt werden können.

Neuronale Netze besitzen den Nachteil der Black-Box-Eigenschaft. Auf diesen Umstand wird im Abschn. 3.2 eingegangen. Wie argumentiert, unterbindet diese Eigenschaft den Einsatz von Neuronalen Netzen in sicherheitsrelevanten Bereichen oder generell in Feldern, in denen die Interpretation bzw. die Nachvollziehbarkeit der Entscheidungsfindung eine Rolle spielt. Entscheidungsbäume, die ebenfalls zu den Methoden des Machine Learnings zählen, haben den großen Vorteil, dass sie größtmögliche Transparenz/Interpretierbarkeit bzgl. ihrer getroffenen Entscheidung bieten. Ein Beispiel eines Datensatzes und ein auf diesen Daten erstellter Entscheidungsbaum ist in Abb. 4.1 dargestellt.

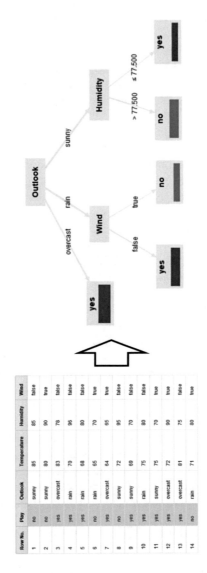

Abb. 4.1 Golf-Datensatz und erstellter Entscheidungsbaum, erstellt mit RapidMiner

Der Datensatz ist ein kleiner, aber sehr bekannter und oft verwendeter Datensatz in der Data Science Community. Der Entscheidungsbaum aus Abb. 4.1 zeigt visuell und intuitiv das in den Daten kodifizierte Muster. Es kann zum Beispiel schnell abgelesen werden, dass Menschen in der Vergangenheit Golf gespielt habe, wenn das Wetter bedeckt (engl. overcast) war. Oder es wird klar, dass in der Vergangenheit nur Golf gespielt wurde, wenn zusätzlich zum Regen kein Wind wehte. Hier an dieser Stelle wird nicht diskutiert, wie der Baum erstellt wird, noch unter welchen Voraussetzungen das Muster des Baums auf neue Daten übertragen werden kann, noch wie der Baum zu interpretieren ist. Für eine kurze Einführung in das Thema wird Abschn. 5.3 aus dem Buch „Methoden wissensbasierter Systeme" [3] empfohlen. Für den Moment wird festgehalten, dass Entscheidungsbäume einen hohen Grad an Transparenz besitzen, der Neuronalen Netzen fehlt. Den Autoren Schaaf et al. erscheint es darum lohnenswert, die positiven Eigenschaften der beiden Verfahren geschickt zu kombinieren. In ihrem Aufsatz [42] „Enhancing Decision Tree Based Interpretation of Deep Neural Networks through L1-Orthogonal Regularization" beschreiben sie eine Möglichkeit dazu. Sie führen Untersuchungen auf verschiedenen (bekannten) Datasets, wie z. B. Titanic, Mushroom, Adult und Diabetes, durch. Sie kommen zu der Erkenntnis, dass die Verwendung des Regularisierungstyps L_1[1] während des Trainings von Neuronalen Netzen helfen kann, dass kleinere und damit besser interpretierbare Bäume aus den Neuronalen Netzen gewonnen werden können. Die Güte (Prognosegenauigkeit bzw. Akribie) der Netze wird durch die Verwendung des Regularisierungstyps L_1 ihrer Erkenntnis nach nicht eingeschränkt. Neben dem hier vorgestellten Ansatz, der auf Entscheidungsbäumen basiert, werden parallel andere Wege beschritten, um Neuronale Netze transparenter zu machen. Zum Beispiel wird die Spectral Relevance Analysis von den Autoren Lapuschkin et al. in „Unmasking Clever Hans predictors and assessing what machi-

---

[1] Regularization ist eine Technik, um die Überanpassung eines Modells an die Lerndaten zu mildern. Das Verfahren wird in diesem Buch nicht ausgeführt.

nes really learn" beschrieben [29]. Der Ansatz wird hier nicht weiter ausgeführt.

Allerdings zeigen die beiden Beispiele, dass unterschiedliche Methoden verfolgt werden, um einen Blick in die Black Box Neuronale Netze zu werfen. Darum erscheint es realistisch, dass in der Zukunft Neuronale Netze ihre Black-Box-Eigenschaft (teilweise) abgelegt haben und sie ggf. auch in Feldern eingesetzt werden, die heute nicht denkbar sind.

4.2   Mehr Performance und weitere Einsatzmöglichkeiten

Die Effizienz in den Blick nehmen sogenannte gepulste Neuronale Netzwerke (engl. spiking neural networks, kurz SNN). Mit ihnen orientieren sich die Neuronalen Netzwerke näher an ihrem biologischen Verwandten, dem Gehirn. Gepulste Netzwerke berücksichtigen genau wie biologische Netzwerke den zeitlichen Abstand der Neuronen-Impulse. Maass bezeichnet sie in seinem Aufsatz bereits im Titel als dritte Generation der Neuronalen Netzwerke [35]. Es kann gezeigt werden, dass gepulste Netzwerke hinter entsprechenden Feeforward-Netzwerk in Bezug auf Prognosegüte zurückbleiben. Der Rückstand scheint sich zu verringern, bzw. er ist bereits bei einigen Aufgaben nicht mehr vorhanden, wie die Autoren Tavanaei et al. zeigen [46].

Die weitere Forschung an gepulsten Netzwerken könnte somit in der Zukunft dazu führen, dass gepulste Netzwerke traditionelle Neuronale Netze ggf. in Bezug auf ihre Performance und Einsatzmöglichkeiten überrunden werden.

In Kap. 2 wurde herausgestellt, dass derzeit die meisten Businessanwendungen für Neuronale Netze dem Bereich des überwach-
ten Lernens (engl. supervised learning) entstammen. Wie in der
Einleitung ausgeführt, benötigt das überwachte Lernen zwingend
gelabelte Daten. Eine häufig anzutreffende Meinung ist, dass dies
oft in der aktuellen Praxis keine große Restriktion darstelle, da
immer mehr Unternehmen gelabelte Daten speichern. Beispiele
sind Speicherungen im Rahmen des Internet of Things oder der
Interaktion von Menschen in Sozialen Netzwerken etc. Allerdings
wird hier unter Umständen das Problem zur Lösung erklärt. Tatsächlich existieren große Mengen an Daten, die nicht vorab klassifiziert (ungelabelt) sind. Manchmal sind triviale Gründe anzu-
führen, wie dass einfach vergessen wurde, gewisse Informationen
ebenfalls zu speichern. In anderen Fällen wäre die Beschaffung der
gelabelten Daten unmöglich oder zu kostenintensiv gewesen, weshalb eine Speicherung nicht durchgeführt wurde. In diesem Zusammenhang wird unter den Stichwörtern „Erzeugende Gegnerische
Neuronale Netzwerke„ (engl. generative adversarial networks oder
kurz GAN) eine interessante Erweiterung beschrieben. Das Vorgehen geht auf die Autoren Goodfellow et al. [13] und ihren Aufsatz
„Generative Adversarial Nets" zurück. Sie schlagen zwei simultan
trainierte Neuronale Netzwerke vor. Das erste Netz (generierendes
Netz genannt) wird mit der Aufgabe konfrontiert, zu einem gegebenen Datensatz weitere Beispiele zu erzeugen. Beispielsweise
könnte das Netz zu gegebenen Stimmdateien trainiert werden, weitere Stimmbeispiele zu erzeugen. Für den Menschen wären diese
synthetisch erzeugten Stimmsamples wahrscheinlich nicht von den
Trainingsbeispielen unterscheidbar. Das zweite Netz (diskrimini-
rendes Netz genannt) wird mit der Aufgabe konfrontiert, zu erkennen, ob ein Stimmbeispiel von dem ersten Netz erzeugt wurde oder
eine Originalaufzeichnung ist. Das wiederholte simultane Training
führt im Optimalfall dazu, dass die hinter den Originaldaten ste-
hende Struktur der Trainingsdaten zuverlässig gelernt wird.

> Das Vorgehen könnte in der Zukunft im Bereich des Unsupervised Learnings weitere Businessanwendungen ermöglichen.

Das transferierende Lernen (engl. transfer learning) ist ein Forschungsfeld, welches ebenfalls das Problem der ggf. spärlich vorhandenen gelabelten Daten adressiert. Speziell für das akkurate Training von großen Neuronalen Netzen ist die Existenz von entsprechend großen gelabelten Datenbeständen zwingend. Zu Beschreibung des Problems nehmen wir an, ein Unternehmen habe bereits in der Vergangenheit im Rahmen eines vorausschauenden Instandhaltungsansatzes (engl. predictive maintenance) ein Neuronales Netz trainiert, welches zuverlässig frühzeitig anzeigt, dass ein Verschleißteil einer Maschine auszutauschen ist. Das Unternehmen erweitert bzw. verändert die Maschine, damit sie neuen Produktionsanforderungen genügt. Es stellt sich die Frage, ob das bereits trainierte und erfolgreich verwendete Neuronale Netz verworfen werden muss oder ob das Netz nach einer kurzen erneuten Trainingsphase (Rekalibrierung) weiter genutzt werden kann. Ein komplett neues Training wäre demgegenüber deutlich langwieriger, da zunächst gelabelte Daten für die neue Maschine erzeugt werden müssten. In Abschn. 2.1.3 wurde dargestellt, dass Neuronale Netze abstrakte Daten auf den einzelnen Schichten geschickt speichern. Diese Informationen sind nicht vollends spezifisch angepasst an ein Trainingsdatenset. Es wurde in Abschn. 2.1.3 dargestellt, dass in den Netzschichten vom Netz festgelegte Merkmale genutzt werden. Aus diesem Grund hat sich das folgende Vorgehen bewährt. Bei einem bewährten, bereits trainierten Netz wird die Ausgabeschicht entfernt und durch eine neue Ausgabeschicht ersetzt. Nun werden lediglich die Gewichte zur neuen Ausgabeschicht mit den neuen Daten via Backpropagation trainiert. In Abb. 4.2 ist das Vorgehen anhand eines kleinen fiktiven Beispiels illustriert.

Es wird das Predictive Maintenance Beispiel aufgegriffen und fortgeführt. Es sei angenommen, der Abb. 4.2a zeige das bewährte Netz zum alten Maschinesetup. Das Ausgabeneuron wird nun

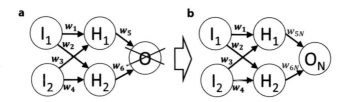

Abb. 4.2 **a** das bewährte Netz, **b** das Netz nach dem transferierenden Lernen

entfernt, und das neue Ausgabeneuron O_N wird hinzugefügt. Nun müssen lediglich die Gewichte w_{5N} und w_{6N} unter Verwendung ggf. von wenigen vorhandenen Ausfalldaten zum neuen Maschiensetup mittels Backpropagation adjustiert werden. Das Vorgehen wurde bereits 1976 von Bozinovski in einem Aufsatz erwähnt [4].

Transfer Learning ermöglicht den Einsatz von Neuronalen Netzen in Bereichen, in denen ggf. nur wenige gelabelte Daten zur Verfügung stehen. Große Bibliotheken, wie z. B. Tensorflow, bieten bereits trainierte Netze für spezifische Felder, wie z. B. Bilderkennungen. Es kann durchaus erwartet werden, dass die Kooperation und der Austausch von trainierten Netzwerken helfen wird, dass Unternehmen deutlich schneller in der Zukunft Neuronale Netze in ihren Anwendungen nutzen werden können.

Ein sich klar abzeichnender Trend ist das sogenannte automatisierte maschinelle Lernen (engl. automated machine learning, kurz AutoML). Die Vorbereitung, also das Zusammentragen von Daten sowie die anschließende Bereinigung und sinnvolle Kombination von Daten, kann ein zeitaufwendiger Prozess sein. Wahrscheinlich ist die Vorbereitung von Daten die Hauptbeschäftigung von (teuren) Data Scientists. Darum ist die Idee naheliegend, dass für diese Tätigkeiten im Optimalfall kein Data Scientist, sondern ein trainierter Algorithmus sorgt. Sobald die Daten in einer aufbereiteten Form zu Verfügung stehen, könnte dann weiter auch ein Algorithmus das richtige Trainingsverfahrens auswählen und Trainings durchführen und anschließend die Modellgüte evaluieren. Insofern wird unter AutoML die gesamte Kette des Maschine Learnings verstanden. Anbieter von AutoML-Lösungen preisen ihre Produkte an, dass sie Modelle intuitiver und schneller als Menschen erstellen können. Des Weiteren werden die maschinell erstellten Modelle als akkurater gelobt. An dieser Stelle wird kein Werbeblock für die eine oder andere Lösung eingeblendet. Eine schnelle Internetrecherche zeigt jedoch, dass sämtliche großen Cloudanbieter mit dem Schlagwort AutoML für ihre Lösung werben. Das Thema hat eine hohe Strahlkraft, da es immense Einsparungen in der Zukunft verspricht. Allerdings müssen sich AutoML-Lösungen erst noch massenhaft in der Praxis bewähren. Ein automatisch erstelltes Modell, so zeigt es die Praxis, kann durchaus gute Ergebnisse liefern, jedoch erkauft mit dem Nachteil, dass das Modell nicht intuitiv ist.

> Dennoch könnten sich in der Zukunft Prozessteile des Machine Learnings durch AutoML-Modelle gut automatisieren lassen, was zu einer weiteren Verbreitung von Machine Learning und damit ggf. auch zu einer weiteren Verbreitung von Neuronalen Netzen führen wird.

Quick Start Guide Neuronale Netze und Fallstudien

5

Zusammenfassung

Es ist hoffentlich gelungen, dass Sie als Leser*in nun gänzlich von den vielen Vorteilen Neuronaler Netze begeistert sind. Es juckt Ihnen in den Fingern, selbst für Ihre Fragestellung die Möglichkeit des Einsatzes eines Neuronalen Netzes zu evaluieren. Der Einstieg kann dabei sehr unkompliziert sein. Gänzlich ohne Programmierkenntnisse können Sie mit der richtigen Software erste reale Prototypen erstellen und diese auf ihre Eignung im Praxisalltag evaluieren. Damit Ihr Start gut gelingt, beginnen wir dieses Kapitel mit einem Quick Start Guide. Das Ziel ist die Vermittlung eines praktischen Leitfadens für die Implementierung von Projekten mit Neuronalen Netzen. Das Kapitel wird fortgeführt mit Fallstudien aus unterschiedlichen Bereichen zum Einsatz Neuronaler Netze. Auch hier werden Sie ohne Programmierkenntnisse die Ergebnisse reproduzieren können.

5.1 Quick Start Guide

Bevor Sie kopfüber mit der Implementierung eines Neuronalen Netzes beginnen, sollten Sie sich vergegenwärtigen, dass kein Verfahren des Machine Learnings alle anderen Verfahren in sämtlichen Belangen schlägt. Diese Phänomen wird in der Informatik das „No-Free- Lunch-Theorem" [2] genannt. Es besagt auf Neuronale Netze

© Springer Fachmedien Wiesbaden GmbH, ein Teil von
Springer Nature 2022
D. Sonnet, *Neuronale Netze kompakt,* IT kompakt,
https://doi.org/10.1007/978-3-658-29081-8_5

angewendet, dass ein allen anderen Verfahren überlegendes Neuronales Netz zwangsläufig in mindestens einem Aspekt schlechter performen wird. Es wäre ärgerlich, wenn genau dieser Aspekt (z. B. Trainingszeit, Verfügbarkeit von Trainingsdaten, Interpretierbarkeit der Ergebnisse etc.) für Ihr Anwendungsfeld wichtig gewesen wäre. Auch wenn es manchmal so klingt, ein Neuronales Netz ist nicht die eierlegende Wollmilchsau des Machine Learnings. Die vielen unterschiedlichen Netzwerktypen haben sich zu recht in diversen Anwendungen bewährt. Dennoch gilt es individuell zu eruieren, ob ein Neuronales Netz das richtige Verfahren für ein akut anliegendes Problem ist. Damit Ihnen das Abwägen für oder gegen den Einsatz eines Neuronalen Netzes leichter fällt, wurde dieser Quick Start Guide entwickelt.

Im Abschn. 3.2 ist aufgezeigt, dass Neuronale Netze gewissen Grenzen unterliegen, die Nachteile in praktischen Anwendungen implizieren können. Diese Grenzen werden nun (teilweise) aufgegriffen. Es bietet sich aus praktischer Sicht an, die folgenden Fragen zu durchlaufen und zu prüfen, ob ein Neuronales Netz oder ggf. ein anderes Verfahren des Machine Learnings oder der Statistik zum Einsatz kommen soll.

- In der Anwendung, für die ich ein Neuronales Netz plane, sind die Interpretierbarkeit bzw. die Nachvollziehbarkeit von Ergebnissen (z. B. die erstellten Prognosen) nicht notwendig?
- Das Design sowie das Training eines Neuronalen Netzes kann zeit- und rechenintensiv sein. Es wurde geprüft, dass nur ein Neuronales Netz als Methode des Machine Learnings zur Lösung meines Problems in Betracht kommen kann.
- Zur Modellierung und Training eines Neuronales Netzes stehen mir genügend qualitativ gute Trainings- und Testdaten zur Verfügung? Des Weiteren verfüge ich über genügend Kenntnisse, welcher Prozess die Trainings- und Testdaten erzeugt.
- Die Erstellung und die Nutzung eines Neuronalen Netzes setzt ausreichend Erfahrung voraus. Ich habe geprüft, ob ich darüber verfüge bzw. ggf. Zugang zu diesem Wissen herstellen kann.

Wenn Sie in der obenstehenden ersten Prüfung zum Entschluss kommen, dass Sie die Erstellung eines Neuronalen Netzes weiterverfolgen möchten, sollte nun Ihr übergeordnetes Ziel sein, schnell mit den Ihnen zur Verfügung stehenden Mitteln einen Prototyp zu erstellen. In den meisten Fällen erscheint es nicht sinnvoll, sofort eine umfassende Lösung durch eine bzw. einen Programmierer*in erstellen zu lassen. Die Philosophie an dieser Stelle ist, dass gewisse Erkenntnisse sowieso erst während der Erstellung generiert werden. Stellen Sie ein Projektteam zusammen und erarbeiten Sie konsequent eine erste Version Ihrer Anwendung eines neuronalen Netzes. Sie sind damit ein Start-up innerhalb des eigenen Unternehmens bzw. Ihrer Organisation. Im besten Fall agiert Ihr Team darum auch wie ein Start-up. Es sollte neugierig auf der Suche nach einem neuen funktionierenden datengetriebenen Business Case oder Business Model sein. Dabei hilft es ungemein, wenn Ihr Start-up sich nicht davon abbringen lässt, Wege auch mal abseits ausgetretener Pfade zu testen.

Was spricht für dieses Vorgehen?

1. Oft stellt sich in der Praxis heraus, dass der erste Versuch nicht direkt perfekt ist. Darum ist es günstig, dass der erste Prototyp nicht besonders teuer war.

2. Dynamik ist wichtig für Teams. Ermutigen Sie das Team, verschiedene Aspekte auszuprobieren. Stellen Sie klar, dass Hinfallen hierbei zum Lernprozess gehört. Solange die Mitglieder nach einem Sturz wieder aufstehen, um motiviert die richtigen Schlüsse aus den gemachten Fehlern zuziehen, ist der Prozess richtig. Die Devise muss sein: ausprobieren, ggf. hinfallen, aufstehen, Fehler analysieren und verbessert fortfahren.

3. Viele Wege können ggf. zum Ziel führen. Ein Prototyp lässt sich kopieren und in einem parallel verfolgten Strang modifizieren.

4. Wenn Sie den ersten Prototypen manuell erstellen, werden Sie oft erst die richtigen Hürden kennenlernen. Es kann durchaus sein, dass dies zum Abbruch des ganzen Projektes führt. Da ist es sinnvoll, dass Sie agiles Prototyping betrieben haben und kein teures IT-Projekt mit ggf. noch externen Ressourcen durchführen.

Die folgenden Annahmen werden hier für die weiteren Ausführungen getroffen. Ihr Unternehmen trägt sich mit dem Gedanken,

erste Schritte bei der Anwendung eines Neuronalen Netzes zu
gehen. Dies bedeutet insbesondere, dass Sie noch keine eigene
Abteilung oder keinen eigenen Bereich im Unternehmen beschäftigen, der sich schwerpunktmäßig seit geraumer Zeit mit Data
Science/Machine Learning beschäftigt. Sie möchten zügig den
Beweis erbringen, dass die Anwendung einer Machine-Learning-
Methode, hier ein Neuronales Netz, wertschöpfend in Ihrer Organisation eingesetzt werden kann. Darum streben Sie die Erstellung
eines anwendbaren Prototyp an, dessen Ergebnisse messbar sein
müssen. Ihr Prototyp wird im Bereich des Supervised Learnings
erstellt.

Folgendes Vorgehen hat sich bei der Erstellung eines Prototyp
bewährt:

1. Identifizieren Sie zunächst eine Fragestellung, die mit einem
   Neuronalen Netz gelöst werden soll. Bringen Sie dafür die
   Fachabteilung zusammen mit der IT (oder einem Data Scien-
   tisten) an den Tisch. Es ist ratsam, in diesen Terminen darauf
   zu achten, dass die IT-Spezialisten nicht das größte Sprach-
   gewicht haben. Es ist nicht sinnvoll, dass die IT komplizierte
   Algorithmen erklärt und über die technischen Möglichkeiten
   Neuronaler Netze schwärmt. Hier müssen die Fachabteilung
   als Auftraggeber und deren Bedürfnisse im Mittelpunkt stehen. Die IT ist in diesem Fall ein Dienstleister, der zunächst
   verstehen muss, welche Hoffnungen und Ziele der Auftraggeber mit der Anwendung eines Neuronalen Netzes verbin-
   det. Es gilt gut zuzuhören, welchen Bedarf die Business-Seite,
   z. B. das Marketing, der Einkauf, die Produktion etc., konkret
   formuliert. Ggf. involvieren Sie eine Moderatorin oder einen
   Moderator, die/der sicherstellt, dass die Bedürfnisse und Ziele
   der Fachabteilung klar gehört und dokumentiert werden.
2. Manchmal ist das Vorwissen zum Thema Neuronale Netze
   bei einigen Beteiligten gering. Neuronale Netze werden von
   dieser Gruppe als Synonym für „künstliche Intelligenz" gesehen, welche wieder rum als Allzweckwaffe gesehen wird. Die
   Vorstellung ist hier, dass KI alles kann. Es ist egal, welche
   Daten in welcher Qualität man in ein Verfahren füttert, die
   Ergebnisse werden zum einen immer selbsterklärend und zum

anderen auch immer richtig sein. Sobald sich abzeichnet, dass diese Meinung vorherrscht, müssen einige Teilnehmer*innen ggf. zunächst grundsätzlich in dem Bereich Maschinelles Lernen (oder auch speziell direkt auf Neuronale Netze) und deren Möglichkeiten und Grenzen geschult werden.

3. Sobald der Fachabteilung deutlich wird, welche Möglichkeiten Neuronale Netze bieten, kann sich erfahrungsgemäß eine große Dynamik entwickeln. In kurzer Zeit stehen diverse potenzielle Fragestellungen im Raum. Jetzt sind Sie als Moderatorin bzw. Moderator gefragt. Achten Sie darauf, zunächst die wichtigsten Fragestellungen zu identifizieren. Halten Sie darüber hinausgehende Ideen (Fragestellungen) fest. Das kann ein guter Startpunkt für die Zeit nach dem Prototypen sein.

4. Schreiben Sie die Fragestellung als Hypothese nieder. Beispiele: Der Erfolg einer Marketingaktion lässt sich im Vorhinein mit unseren Daten vorhersagen. Oder: Der Ausfall einer Maschine lässt sich X Stunden vorher prognostizieren. In jedem Fall ist es ratsam, eine Messlatte zu vereinbaren, an der der Erfolg des Prototypen abgelesen werden kann. Es ist weiter empfehlenswert, dass nachvollziehbare und möglichst objektive Messgrößen Verwendung finden.

5. Starten Sie die Erstellung Ihres Prototypen mit einem Kick-Off-Meeting. Während des ersten Agendapunktes rekapitulieren Sie die Ziele der Fachabteilung, die erarbeiteten Hypothesen und Ihr Vorgehen zu Erfolgsmessung. Im folgenden Agendapunkt beginnen Sie mit allen Beteiligen ein Brainstorming, welche Daten Sie benötigen, um Ihre Hypothese(n) zu bearbeiten. Malen Sie mit den Mitarbeiter*innen der Fachabteilung und der IT auf einem Whiteboard auf, wo an welcher Stelle im Unternehmen sich diese Daten in welchen Formaten befinden könnten. Sie erstellen für Ihr Unternehmen auf diese Weise eine Datenlandkarte. Es kann durchaus sein, dass Sie feststellen, dass Ihr Unternehmen bereits über viele Daten verfügt. Es kann vorkommen, dass diese Daten in sogenannten Silos jedoch an verschiedenen Stellen im Unternehmen liegen. Überlegen Sie bereits jetzt grob, wie die verschiedenen Datentöpfe zusammengeführt werden können.

6. Des Weiteren ist es ratsam zu brainstormen, welche Daten Sie ggf. nicht haben, die Sie jedoch als notwendig bzw. hilfreich erachten, um die von Ihnen formulierten Hypothese(n) zu beantworten. Halten Sie die Vermutungen der Projektgruppe hierzu fest.

7. Tragen Sie alle verfügbaren Daten zusammen und verbinden Sie die entdeckten Silos. Hier gibt es kein Patentrezept, da die individuelle Datensituation eine individuelle Lösung benötigt. Eine kleine Datenbank ist kein Muss, kann aber ggf. von großer Hilfe sein und eine starke Zeitersparnis bedeuten. Sehr häufig fällt bei diesem Schritt auf, dass die unterschiedlichen Datensilos nicht miteinander kompatibel sind. Zum Beispiel werden Daten gemäß unterschiedlicher Frequenz gespeichert. Das Marketing zum Beispiel speichert täglich, wohingegen der Vertrieb „nur" alle zwei Tage gewisse Informationen erfasst. Oder es kann vorkommen, dass Daten Lücken aufweisen. Entweder gab es einen technischen Defekt, oder menschliches Versagen oder Abwesenheit von verantwortlichen Mitarbeiter*innen haben dazu geführt. Es müssen Wege gefunden werden, diese Probleme zu beheben und die Daten in einem Vorverarbeitungsschritt zu kombinieren. Dieser Schritt kann mühsam sein. Es sei Ihnen versichert, dass die Vorverarbeitung von Daten üblicherweise bei jedem Machine-Learning-Projekt das größte Arbeitspaket ist. Es ist jedoch ratsam, alle Schritte vor und während der Vorverarbeitung zu dokumentieren. Diese Erkenntnisse können später oft bei der Implementierung von technisch automatischen Lösungen der Datenvorverarbeitung hilfreich sein.

8. Teilen Sie die Ihnen zur Verfügung stehenden aufbereiteten Daten in ein Lern- und Testdatenset. Als grobe Richtlinie sollten 65 bis 80 % als Lerndaten reserviert werden. Die genaue Größe hängt von z. B. der Aufgabe, der Größe und der Struktur des gesamtes Datenbestandes sowie der Qualität der Daten ab. Der Rest wird als Testdaten deklariert. Erstellen Sie nun ein erstes Neuronales Netz (= Prototyp) unter der Verwendung Ihrer Lerndaten. Haben Sie keinen Zugriff auf einen Data Scientist? Nutzen Sie RapidMiner oder KNIME, diese Tools sind ohne Programmierkenntnisse nutzbar. Es wird hier das

sogenannte Pipelinekonzept verfolgt. Ohne Programmierung
können hier Operatoren für unterschiedliche Aufgaben (Daten
einlesen, Daten verbinden, Daten bereinigen etc.) miteinander
verbunden und ein Neuronales Netz realisiert werden. Anmerkung: Sollten Sie über sehr viele Daten verfügen (z. B. mehr
als 500.000 Zeilen und mehr als 50 Spalten), ist es ratsam,
das sie zunächst eine Teilmenge der Gesamtdaten wählen und
prüfen wie aufwendig die Erstellung des Prototypen ist.

9. Evaluieren Sie, ob Ihr Prototyp die gewünschten Ergebnisse
   erzielt. Verwenden Sie nun die zurückgehaltenen Testdaten.
   Ihr Vorteil ist, Sie kennen das richtige (historische) Ergebnis
   dieser Daten. Speisen Sie Testdaten in das Neuronale Netz ein
   und vergleichen Sie die erzeugten Antworten mit den tatsächlichen Werten. Sind sie zufrieden mit den erzielten Ergebnissen?
   Nein? Gehen Sie zurück und überprüfen Sie die verwendeten
   Daten und ggf. Ihre Hypothesen. Trainieren Sie das Modell
   neu und evaluieren Sie neu. Auch wenn die Disziplin Data
   Science heißt, es kann durchaus viel Trial and Error und Tes-
   ting notwendig sein, um ein gutes Neuronales Netz zu finden.

10. Sobald Sie mit der Performance Ihres Models zufrieden sind,
    ist es an der Zeit, sich der kritischen Würdigung durch die
    Fachabteilung zu stellen. Bitte haben Sie durchgehend im Hin-
    terkopf, dass die Fachabteilung mit dem Modell glücklich sein
    muss. Denn selbst wenn ein Modell technisch ausgereift ist
    und hochwertige Prognosen liefert, ist es für die Fachabtei-
    lung wertlos, wenn es Prognosen zur falschen Fragestellung
    liefert. Sie werden denken, dass die Fragestellung abgestimmt
    mit der Fachabteilung als Hypothese formuliert wurde. Das
    ist korrekt, und darum ist es auch legitim zu fragen, warum
    die Fachabteilung ggf. nun das Ziel adjustieren möchte. Wenn
    jedoch wegen neuerer Erkenntnisse in der Fachabteilung das
    formulierte Ergebnis noch einmal angepasst werden muss,
    kann das recht und billig sein. In diesem Fall kehren Sie zurück
    zu Schritt 3.

11. Wenn von der Fachabteilung keine substantiellen Änderungs-
    wünsche formuliert wurden, sollten Sie Ihren Prototypen auf
    Livedaten, also Daten, die weder Lern- noch Testdaten waren,
    parallel zum laufenden Betrieb anwenden. Wenn man die oben

exemplarisch gestellten zwei Fragestellungen aufgreift, wird evaluiert, ob das Netz den Erfolg bei neuen Marketingaktionen vorhersagen kann, oder ob das Netz den Ausfall von Maschinen zu prognostizieren vermag.

12. Hat das Modell auch hier überzeugt? Dann ist es Zeit, dass Sie sich darüber Gedanken machen, wie Sie das Neuronale Netz im täglichen Geschäft nutzen können und wie der (monetäre) Nutzen einzuschätzen ist. Wenn Sie bereits heute sagen können, welche Gruppe Ihrer Kunden auf eine gewisse Marketingaktion reagieren wird, könnte der Nutzen dadurch entstehen, dass man zielgenau diese Gruppe mit der Aktion anspricht. Die Streuverluste der Aktion ließen sich ggf. reduzieren. Oder wenn Sie z. B. mit 4 h Vorlauf wissen, dass eine Maschine ausfallen wird, kann eine unterbrechungsfreie Produktion sichergestellt werden. Erstellen Sie Ihren datengetriebenen Business Case und fassen Sie schonungslos alle Vor- und Nachteile strukturiert zusammen.

13. Wenn der Business Case positiv ist, hat der Prototyp das bestmögliche Ergebnis erzielt. Nun ist der Zeitpunkt gekommen, dass Sie entweder eine eigene Data-Science-Abteilung (Analytics) aufbauen oder ein externes Unternehmen mit weiteren Programmierungen und Analysen beauftragen. In jedem Fall drängen Sie bitte darauf, dass Ihre neue Data-Science-Abteilung oder die beauftragte Agentur den Prototypen sowie die Erstellung des Prototypen und die erzielten Ergebnisse zunächst genau nachvollziehen. So wird sichergestellt, dass die formulierten Probleme der Fachabteilung (denn für sie wurde diese Lösung erstellt) ausreichend berücksichtigt werden. Auch wenn Ihnen vermittelt wird, dass es viel bessere technische Lösungen gibt, beharren Sie darauf, dass Ihr Weg angefangen von der Ermittlung der Hypothese(n) über die Bestimmung der Datensilos weiter zur Datenvorverarbeitung bis hin zum Prototypen penibel nachvollzogen wird. Die bereits von Ihnen gemachten und dokumentieren Fehler muss keine (teure) Person mehr machen. Anmerkung: Der Aufbau einer eigenen Data-Science Einheit kann komplex sein. Es gilt die richtigen Kandidat*innen mit dem richtigen Profil und dem richtigen Personal Fit zu einem funktionierenden System

zusammenzusetzen. Auf der anderen Seite kann die Beauftragung und Steuerung einer externen Analytics-Agentur ebenfalls tückisch sein. Beide Versionen bieten Vor- und Nachteile.

14. Die Implementierung von Neuronal-Netze-Applikationen sind IT-Projekte. Ihre eingesetzte Projektleitung sollte dies berücksichtigen und das Projekt auch mit entsprechenden Werkzeugen steuern.

15. Nach der Evaluierung Ihrer aktuellen IT-Infrastruktur, aller technischen Anforderungen sowie der Analyse sämtlicher Stakeholderinteressen steht die Entscheidung an, ob Sie die Software komplett selbst entwickeln (lassen) oder auf bereits bestehende Softwarekomponenten zurückgreifen möchten. Des Weiteren ist zu entscheiden, ob Sie Ihre Lösung lokal oder ggf. in der Cloud ausführen möchten. Bekannte Clouddienst sind zum Beispiel Amazon Web Services, Google AI oder Microsoft Azure und SAP Leonardo etc.

16. Die Nutzung einer Machine-Learning-Lösung kann immense organisatorische Auswirkungen implizieren. Im Extremfall kann das Netz bestimmte Ereignisse akkurater prognostizieren als der Mensch, ohne dass Menschen die Lösungsfindung in ihrer Tiefe gänzlich nachvollziehen können (Black-Box-Problematik). Dies setzt Vertrauen in die neue Technik voraus. Vielleicht ist ein Kulturwandel nötig. Überlassen Sie diese Entwicklung nicht sich selbst, sondern beeinflussen Sie diese aktiv. Greifen Sie Vorurteile auf und klären Sie anhand vieler Beispiel dort auf, wo das Wissen bezüglich Neuronaler Netze nicht tief genug ist.

17. Es kann rechtliche Implikationen in Bezug auf den Datenschutz und die Nutzung von Daten geben. Speziell, wenn persönliche Daten zum Einsatz kommen sollen, sollten Sie frühzeitig Kontakt zu einer juristisch geschulten Person suchen und penibel abklären, welche Daten in welchen Szenarien genutzt werden können. Nicht nur die Verarbeitung der Daten spielt hier eine Rolle, sondern zunehmend auch die Speicherung.

Die letzte Liste mit ihren 17 Punkten beinhaltet einige Aspekte, bei denen Sie sich ggf. praktische Hilfe wünschen. Bei allen Belangen kann z. B. der www.datenguru.de oder ein vergleichbar anderer

Berater helfen. Einig der Punkte der letzten Liste sind ebenfalls im sogenannten CRISP-Modell (Cross-industry standard process for data mining – dargestellt in Abb. 5.1) zu finden. Ein sehr guter Recherchestartpunkt für das CRISP-Modell liefert das Paper von Shearer [44]. Dort findet sich bereits auf der zweiten Seite (Seite 14 des Papers) die Begründung für die Wichtigkeit des Modells. Es wird argumentiert, dass das Modell eine umfassende Methodologie für Data-Miner (und damit auch Anwender von Neuronalen Netzen) vom Einsteiger bis zum Profi als Blaupause liefern kann.

Verdeutlichen Sie sich gerne, dass mindestens die Punkte 1, 3, 5, 6, 7, 8, 9, 10 und 15 von der obigen Liste in ähnlicher Art und Weise im CRISP-Modell Abb. 5.1 zu finden sind. Die darüber

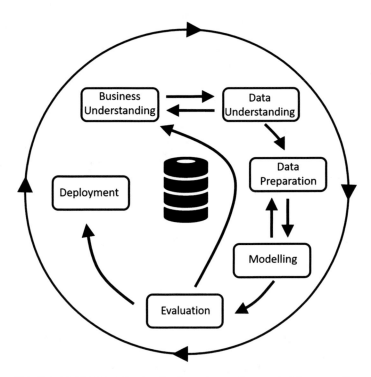

Abb. 5.1 CRISP-Modell. (Quelle: Eigene Darstellung an Anlehnung an Grafik 1 von [44])

hinausgehenden Punkte der Liste ergänzen sinnvoll das Vorgehen für die Implementierung Neuronaler Netze in der Praxis. Nach diesen eher theoretischen Überlegungen gehen wir nun zu der Vorstellung zweier Fallstudien über.

5.2 Fallstudien

5.2.1 Vorhersage der Churn Rate (Kundenverlustrate) einer Bank

Es geht um eine fiktive Bank, mit ebenso fiktiven Kunden. Wie jede reale Bank hat es unsere fiktive Bank ebenfalls mit einer gewissen Kundenabwanderungsquote, engl. churn rate, zu tun. Das ist aus Bankensicht ärgerlich, aber in gewissen Grenzen absolut normal. Banken befinden sich in einer Konkurrenzsituation um eine (endliche) Mengen an Konsument*innen. Aus diesem Grund wird jede Bank immer eine gewisse Fluktuation hinnehmen müssen.

Unsere fiktive Bank stellt sich die Frage, ob sie in der Lage wäre, mit der Hilfe eines trainierten Neuronalen Netzes abwanderungswillige Kundinnen und Kunden in ihrem Kundenstamm zu identifizieren. Der dieser Fallstudie zugrunde gelegte Datensatz wurde auf Kaggle veröffentlicht unter: https://www.kaggle.com/santoshd3/bank-customers.

Kaggle ist ein Internetportal, welches sich an dateninteressierte Menschen richtet. Die Nutzungsmöglichkeiten sind vielfältig. Ein großer Bereich auf, Kaggle nimmt die Organisation von Datenwettbewerben ein. Dazu veröffentlichen Unternehmen, Wissenschaftler sowie Privatmenschen reale und fiktive Datensätze auf Kaggle und fordern die Data Science-Community auf kreative Lösungen auf diesen Daten zu diskutieren und zu erarbeiten. Teilweise werden Preisgelder im Rahmen von Wettbewerben ausgeschrieben. Für neue Nutzer der Plattform mag die Vielzahl an verfügbaren Datasets auf den ersten Blick überwältigend wirken. Lassen Sie sich nicht abschrecken und erlauben Sie sich ein bisschen Zeit und stöbern Sie in Ruhe auf Kaggle.

Der hier bearbeitete Datensatz wurde vom Nutzer Santosh Kumar hochgeladen. Der Datensatz findet sich jedoch in gleicher bzw. ähnlicher Form auch bei anderen Nutzern, insofern ist nicht nachvollziehbar, ob es sich ggf. um reale anonymisierte Daten oder um ein rein fiktives Datenbeispiel handelt. Für unsere Fallstudie ist diese Frage allerdings nicht wichtig. Relevant ist, dass Sie die Daten auf Kaggle unter der oben genanten URL finden und herunterladen können und ggf. diese Fallstudie und die angestellten Überlegungen selbst durchführen können. Die datenanalytische Aufbereitung der Fallstudie wird mithilfe der Software Rapid-Miner (www.rapidminer.com) durchgeführt. Das Programm ist ohne Programmierkenntnisse bedienbar, und Machine-Learning-Modelle inklusive Neuronaler Netze können mit verhältnismäßig geringem Aufwand erstellt werden. Die Software ist 30 Tage kostenlos testbar (zum Stand Juli 2021) und kann anschließend in einer freien Version mit Limitierungen weiter genutzt werden.

Die Fallstudie unserer fiktiven Bank beginnt gemäß des CRISP-Modells aus Abb. 5.1 mit der Auseinandersetzung mit den Anforderungen des Business. Die Bank hat bereits für sich erkannt, dass ggf. ein Wettbewerbsvorteil erzeugt werden kann, wenn frühzeitig abwanderungswillige Kundinnen und Kunden im Kundenstamm identifiziert werden können. Diese Gruppe könnte aktiv angesprochen und ggf. mit Anreizen zum Verbleib bewogen werden. Gegenfalls möchte eine abwanderungswillige Person die Bank auch nicht nur aus dem Grund verlassen, weil eine andere Bank günstigere Konditionen verspricht. Allerdings kann die Motivation, die Bank als Kundin oder Kunde zu verlassen, vielfältige Gründe haben, wie z. B. Unzufriedenheit mit dem Berater, Öffnungszeiten, Erreichbarkeit, Servicelevel etc. Die Bank könnte die Information bzgl. der potenziellen Wechselwilligkeit auf verschiedene Art nutzen. Umgekehrt kann es für die Bank ebenfalls interessant sein, nicht wechselwillige Kundinnen und Kunden im Kundenstamm zu identifizieren. Denn die unnötige Kontaktaufnahme zu dieser Gruppe und ggf. die kostenintensive Anreizwirkung zum Verbleib, wären überflüssig. Zusammengefasst wird deutlich, dass die Bank businesseitig bewerten muss, wie die Erkennung der wechselwilligen Gruppe konkret für sie als Vorteil zu nutzen ist. Für unsere Fallstudie legen wir hier fest, dass die fiktive Bank untersuchen möchte, ob mittels des Trainings eines Neuronalen Netzes die Vorhersage von wechselwilligen Kundinnen und Kunden möglich ist.

Der nächste Schritt im CRISP-Model in Abb. 5.1 ist mit Data Understanding überschrieben. Jedes Datenanalyseprojekt, unabhängig davon ob als Lerneinheit ein Neuronales Netze oder ein anderes Verfahren verwendet wird, setzt voraus, dass die Analystin oder der Analyst ein gutes Verständnis bzgl. der verwendeten Daten besitzt. Vereinfacht gesagt ist die Frage zu klären, ob die Daten zur businessseitigen Fragestellung passen.

1. Verstehe ich als Analyst*in wie die mir zur Verfügung gestellten Daten generiert und gespeichert wurden? Falls nicht, muss ich konkret nachfragen und es mir im Detail erklären lassen.

2. Erscheinen mir die Daten plausibel? Jedes Datenset ist eine Auswahl eines größeren Datensets. Darum ist es sinnvoll, sich die Frage zu stellen, ob weitere vorhandene Daten bzw. Variablen ebenfalls in die Analyse einbezogen werden sollten?

3. Umgekehrt kann es ebenfalls durchaus sinnvoll sein, einzelne Variablen in einem zur Verfügung gestellten Datenset auf Sinnhaftigkeit zu durchdenken. Nehmen wir beispielsweise an, dass unser Bank datensatz neben diversern Variablen auch eine interne Kundennummer umfasst. Jeder Kundin bzw. jedem Kunden wurde eine interne willkürliche aber eindeutige Nummer zugeordnet. Es erscheint fraglich, dass diese Variable einen Mehrwert bei der Prognose der Abwanderungswilligkeit eines Menschen liefern kann. Des Weiteren erscheint es richtig, sich frühzeitig damit zu beschäftigen, welche Daten bzw. Variablen in einem Prognoseszenario überhaupt verwendbar sind. Auf den ersten Blick erscheint es plausibel, dass beispielsweise das Geschlecht die Prognosegüte der Wechselbereitschaft verbessern kann. Obwohl es für unsere Bank-Fallstudie nicht direkt zutrifft, kann in anderen Szenarien, z. B. Kreditvergaben durch die Bank, die Verwendung der Variablen Geschlecht, Alter, Postleitzahlengebiet etc., Diskriminierung implizieren.

4. Welche Daten bzw. Variablen, die aktuell nicht aufgezeichnet werden, sollte man ggf. in der Zukunft zur Beantwortung der

businessseitigen Fragestellung ebenfalls noch in Erwägung ziehen?

Beginnen wir mit der Bearbeitung des Punktes Data Understanding für den Datensatz unser Fallstudie. Nach dem Download der csv-Dateien der Bank-Fallstudie und das Einlesen der Datei durch RapidMiner wird deutlich, dass der Datensatz insgesamt 10.000 Observations (Zeilen) und 13 Variablen (Spalten) enthält.[1] Die ersten zehn der 10.000 Zeilen sind exemplarisch in Abb. 5.2 dargestellt.

Die Variablen samt Skalierungsart sind in Tab. 5.1 zusammengefasst. Kurz zur Erinnerung: Integer-Variablen enthalten lediglich ganze Zahlen als Ausprägungen z. B. 1, 2, 3,··· Nominal skalierte Variablen enthalten unterschiedliche Ausprägungen, die aber keine Rangunterschiede implizieren, z. B. Frau, Mann, Divers. Real, die im Deutschen metrisch skalierte Variablen genannt werden, sind Variablen, deren Ausprägungen (reele) Zahlen sind, bei denen Rangunterschiede und Abstände sinnvoll interpretiert werden können, z. B. Körpergrößen oder Gehälter.

Gehen Sie bitte durch die Liste und beurteilen Sie, ob die gegebenen Variablen zur Beantwortung der Frage „Ist mittels des Trainings eines Neuronalen Netzes die Vorhersage von wechselwilligen Kundinnen und Kunden möglich?" geeignet erscheinen? Die willkürliche CustomerId erscheint nicht zur Erklärung der Abwanderungsquote geeignet zu sein, sie wird von der weiteren Betrachtung ausgeschlossen. Aus Gründen der Vermeidung potenzieller Diskriminierung werden hier ebenfalls Surname, Gender und Geography nicht weiter betrachtet. Es verbleiben die zu prognostizierende (abhängige) Variable Churn sowie acht (annahmegemäß unabhängige) Variablen. Abb. 5.3 zeigt das Histogramm der Variable Churn.

Die Histogramme der acht verbleibenden Variablen sind zusammengefasst in Abb. 5.4.

Die Histogramme aus den Abb. 5.3 und 5.4 zeigen klar, dass alle Variablen keine Anomalien (Ausreißer oder Missing Values)

---

[1] Die Zeilennummerierung gilt nicht als Variable.

Row No.	CustomerId	Surname	CreditScore	Geography	Gender	Age	Tenure	Balance	NumOfProducts	HasCrCard	IsActiveMember	EstimatedSalary	Exited
1	15634602	Hargrave	619	France	Female	42	2	0	1	1	1	101348.880	1
2	15647311	Hill	608	Spain	Female	41	1	83807.860	1	0	1	112542.580	0
3	15619304	Onio	502	France	Female	42	8	159660.800	3	1	0	113931.570	1
4	15701354	Boni	699	France	Female	39	1	0	2	0	0	93826.630	0
5	15737888	Mitchell	850	Spain	Female	43	2	125510.820	1	1	1	79084.100	0
6	15574012	Chu	645	Spain	Male	44	8	113755.780	2	1	0	149756.710	1
7	15592531	Bartlett	822	France	Male	50	7	0	2	1	1	10062.800	0
8	15656148	Obinna	376	Germany	Female	29	4	115046.740	4	1	0	119346.880	1
9	15792365	He	501	France	Male	44	4	142051.070	2	0	1	74940.500	0
10	15592389	H?	684	France	Male	27	2	134603.880	1	1	1	71725.730	0

Abb. 5.2 Die ersten zehn Zeilen (Observations) des Bankdatensatzes

Tab. 5.1 Variablen des Bankdatensatze

Variable	Scale
CustomerId	Integer
Surname	Nominal
CreditScore	Integer
Geography	Nominal
Gender	Nominal
Age	Integer
Tenure (time of customer)	Integer
Balance	Real
NumOfProducts	Integer
HasCrCard (Credit Card)	Integer
IsActiveMember	Integer
EstimatedSalary	Real
Exited = Churn	Integer

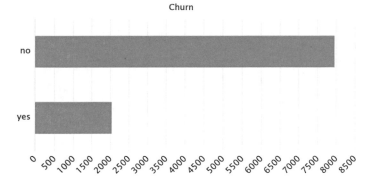

Abb. 5.3 Verteilung der historischen Abwanderer (Churn = yes) und Bleiber

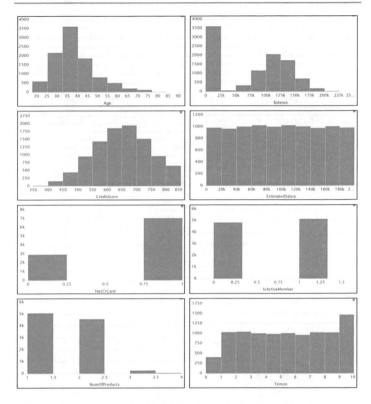

Abb. 5.4 Histogramme aller Variablen (bis auf Churn) von Tab. 5.1

aufweisen. Des Weiteren zeigen die Histogramme keine weiteren Auffälligkeiten. Zum derzeitigen Stand wäre es legitim zu schlussfolgern, dass die Daten gut nachvollziehbar sind und prinzipiell als nutzbar für die aufgeworfene Fragestellung zu sein scheinen. Dennoch ist es absolut korrekt, sich Gedanken zu machen, ob weitere Variablen in die Analyse einbezogen werden könnte. Wenn z. B. die Variablen gewährter Disporahmen, Schufa-Score oder letzter Kontakt zum Kundenzentrum beschaffbar sind, wäre eine Integration in den bestehenden Datensatz zu überprüfen.

Der nächste Punkt im CRISP-Modell aus Abb. 5.1 ist Data Preparation. Dieser Punkt kann in der Praxis durchaus zeitintensiv sein. Immer dann, wenn Daten aus unterschiedlichen Quellen miteinander in Verbindung gesetzt werden und/oder Daten korrupt (fehlende oder unplausible Werte) sind, muss nicht selten manuelle Vorarbeit geleistet werden. Für die vorliegende Fallstudie ist dies nicht der Fall. Wie bereits oben an den Beispielen der Histogramme argumentiert, sind die Daten unmittelbar für ein Neuronales Netz nutzbar, und eine Vorverarbeitung ist nicht notwendig. Wir gehen darum weiter zum Punkt Modelling.

Für die Fallstudie wird RapidMiner benutzt, um ein Neuronales Netz zu trainieren. In der Software werden sogenannte Pipelines von Operatoren erstellt, die sukzessive nacheinander durchlaufen werden. Jeder Operator gibt das entsprechend verarbeitet Ergebnis an seinen Nachfolger weiter. Für weitergehende Information zur Erstellung von Pipelines in RapidMiner sei die RapidMiner Academy unter https://academy.rapidminer.com empfohlen. Die für die Fallstudie verwendete Pipeline ist zusammen mit einigen Kommentaren in Abb. 5.5 dargestellt.

Die grundsätzliche Empfehlung lautet immer, dass mit einem kleineren Netz begonnen werden sollte. Anschließend können im zweiten Schritt weitere Schichten sowie weitere Neuronen in bestehenden Schichten aufgenommen werden, um ggf. die Prognosefähigkeit des Netzes zu verbessern. Wir nutzen somit in einem ersten Versuch ein Netz mit nur einer versteckten Schicht, die zwei Neuronen enthält. Dieses Netz wird mittels 80 % von 10.000 = 8000 Daten trainiert und anschließend auf den verbleibenden 20 % von 10.000 = 2000 Daten evaluiert.

Nach dem Training hat das Netz die in Abb. 5.6 gezeigte Struktur. Je dicker eine Kante (Linie zwischen zwei Neuronen) desto größer ist das Kantengewicht.

Das in Abb. 5.6 gezeigte Netz steht nun bereit zur Prognose auf den Testdaten. Die 2000 Testdaten können nun nacheinander als Input in das Netz eingegeben werden und das Netz antwortet mit einer Einschätzung, ob die Kundin oder der Kunde die Bank verlassen hat oder nicht. Zehn dieser Ex-post-Prognosen finden sich beispielhaft in Abb. 5.7. Es wird deutlich, dass das Netz immer dann eine gute Prognose abgegeben hat, wenn der Wert aus der Spalte Churn mit dem Wert aus prediction(Churn) übereinstimmt.

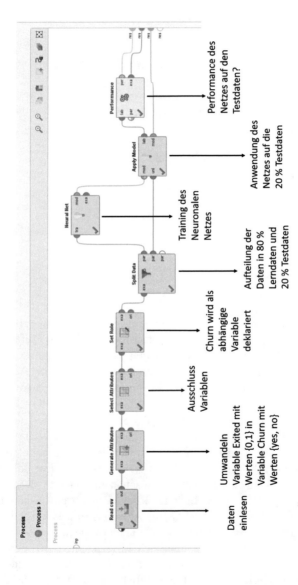

Abb. 5.5 Kommentierte Pipeline in RapidMiner

Input   **Hidden 1**   **Output**

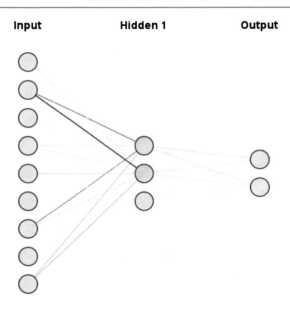

Abb. 5.6 Neuronales Netz mit einer versteckten Schicht und zwei Neuronen

Der Vergleich von 2000 Zeilen kann sehr mühselig sein. An dieser Stelle ist die sogenannte Confusio- Matrix eine Hilfe. Die Matrix stellt systematisch dar, wie viele der 2000 Prognosen mit den tatsächlichen Werten übereinstimmten und welche Art der Abweichung wie oft auftrat. Die Confusion Matrix ist in Abb. 5.8 zu sehen. Insgesamt waren von den 2000 Testdaten $99 + 308 = 407$ Zeilen (Observations) tatsächlich Kundinnen bzw. Kunden, die sich von der Bank abgewendet haben. Im Gegensatz dazu sind $31 + 1562 = 1593$ Kundinnen bzw. Kunden der Bank erhalten geblieben. Wie gut konnte das Netz diesen Sachverhalt auf den 2000 ihm unbekannten Daten einschätzen. Von den 407 Menschen, die tatsächlich der Bank den Rücken zugewandt haben, hat das Netz $99 (99/407 = 24,32\%)$ als Abwanderer erkannt. Die 99 werden als true positives und die 308 als false negatives bezeichnet. Als Eselsbrücke kann man sich false negative so merken: Es wurde fälschlicherweise negativ (Kunde geht nicht) prognostiziert, obwohl er bzw. sie doch tatsächlich churned = yes war (also

Row No.	Churn	prediction(Churn)	confidence(yes)	confidence(no)	CreditScore	Age	Tenure	Balance	NumOfProd...	HasCrCard	IsActiveMe...	EstimatedSalary
1	no	no	0.201	0.799	822	50	7	0	2	1	1	10062.800
2	no	no	0.056	0.944	684	27	2	134603.880	1	1	1	71725.730
3	no	no	0.056	0.944	726	24	6	0	2	1	1	54724.030
4	no	no	0.059	0.941	732	41	8	0	2	1	1	170886.170
5	no	no	0.060	0.940	636	32	8	0	2	1	0	138555.460
6	no	no	0.056	0.944	722	29	9	0	2	1	1	142033.070
7	no	no	0.107	0.893	742	35	5	136857	1	0	0	84509.570
8	no	no	0.056	0.944	751	36	6	169831.460	2	0	1	27758.360
9	no	no	0.057	0.943	813	29	6	0	1	1	0	33953.870
10	no	no	0.057	0.943	519	36	9	0	2	0	1	145562.400

Abb. 5.7 Zehn beispielhafte Prognosen auf den 2000 Testdaten

accuracy: 83.05%

	true yes	true no	class precision
pred. yes	99	31	76.15%
pred. no	308	1562	83.53%
class recall	24.32%	98.05%	

Abb. 5.8 Performance des Netzes aus Abb. 5.6 auf 2000 Testdaten

gegangen ist). Die 31 in der Matrix werden dementsprechend als
false positive bezeichnet und die 1562 als true positive. Die Erken-
nungsrate der Bleiber wurde als $1562/(31 + 1562) = 98,05\%$
ermittelt.

Oben wurde formuliert: „Für unsere Fallstudie legen wir hier
fest, dass die fiktive Bank untersuchen möchte, ob mittels des Trainings eines Neuronalen Netzes die Vorhersage von wechselwilligen Kundinnen und Kunden möglich ist." Die Bank müsste die
Erkennungsquoten der Wechsler von 24,32 % und der Bleiber von
98,05 % intern evaluieren und überlegen, ob sie daraus einen Nutzen ziehen kann.

5.2.2   Der Klassiker MNIST sowie Fashion-MNIST

Die Leistungsfähigkeit Neuronaler Netze wurde mehrfach auf dem
sogenannten MNIST-Datensatz demonstriert. MNIST ist ein frei
verfügbarer Datensatz von digitalisierten handgeschriebenen Ziffern (0 bis 9), der in seiner Grundform aus 60.000 Trainings- und
10.000 Testdaten besteht. Der Datensatz kann zum Beispiel von der
Webseite http://yann.lecun.com/exdb/mnist heruntergeladen werden. In Abb. 5.9 sind exemplarisch zehn Beispiele des MNIST-
Datensatzes visualisiert. Hier handelt es sich um einen Ausschnitt
der auf https://en.wikipedia.org/wiki/MNIST_database gezeigten
Visualisierung.

Damit die in Abb. 5.9 gezeigten Ziffern durch einen Computer eingelesen werden können, müssen sie digitalisiert werden.
Zu diesem Zweck wurde jede handgeschriebene Ziffer mit einem
28 Spalten und 28 Zeilen umfassenden Gitter bedeckt. Ein solches Gitter ist exemplarisch in Abb. 5.10 für die Ziffer 5 gezeigt.

Abb. 5.9 Zehn beispielhafte Visualisierungen aus dem MNIST-Datensatz

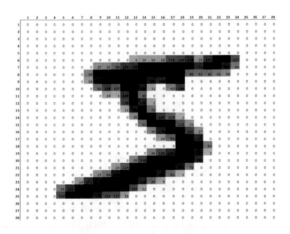

Abb. 5.10 Digitalisierung der 5 mittels eines Gitters von 28×28 Zellen. (Quelle: In Anlehnung an Wikipedia)

Anschließend wurde für jede der $28 \times 28 = 784$ Zellen ein repräsentativer Schwarzwert (0 bis 255) ermittelt. Danach wurden diese 784 Werte unter den Spaltenüberschriften

$$1 \times 1, 1 \times 2, 1 \times 3, \ldots, 28 \times 28$$

zusammen mit der Information als Label, um welche Zahl es sich handelte, in eine CSV-Datei gespeichert. Insgesamt umfasst die csv somit 785 Spalten.

Beim MNIST-Datensatz handelt es sich um einen gelabelten Datensatz, für den ein Supervised Trainingsalgorithmus benutzt wird. Neuronale Netze können sehr gut in diesem Szenario eingesetzt werden. In einem Trainingslauf wird einem entsprechenden Neuronalem Netz das Label sowie die Werte aus den Spalten $1 \times 1, 1 \times 2, 1 \times 3, \cdots, 28 \times 28$ präsentiert. Das Netz adjustiert seine Gewichte, und nach hinreichend vielen Trainingsepochen kann das Netz mit Testdaten konfrontiert werden. Dazu werden dem trainierten Netz die 10.000 Testdaten, die ebenfalls aus dem Label sowie den Variablen (Spaltenüberschriften) $1 \times 1, 1 \times 2, 1 \times 3, \cdots, 28 \times 28$ bestehen, präsentiert, und es wird verglichen, ob die Prognose mit der tatsächlichen Zahl des Labels übereinstimmt. Ein Neuronales Netz der Autoren Cireşan, Meier, Gambardella und Schmidhuber aus dem Jahr 2010 erreicht die sehr geringe Fehlerrate von 0,35 % falsch klassifizierter Testdaten [7]. Das Team setzte dabei ein Netz mit sechs verdeckten Schichten mit 2500, 2000, 1500, 1000, 500 und 10 Neuronen, welches via Backpropagation trainiert wurde, ein. Es wird darüber hinaus in [7] berichtet, dass ein alternatives Netz mit lediglich drei versteckten Schichten (1000, 500 und 10 Neuronen) eine Fehlerquote von 0,49 % erreichte. Das kleinere Netz benötigte jedoch statt 114,5 lediglich 23,4 h an Simulationszeit. Es kann hier kein vollständiger Überblick aller relevanten Veröffentlichungen zu den auf MNIST verwendeten Algorithmen gegeben werden. Damit jedoch nicht der Eindruck entsteht, dass lediglich Neuronale Netze auf dem MNIST-Datensatz sehr geringe Fehlerquoten ermöglichen, sei hier auf [24] verwiesen. Die Autoren verwenden einen K-Nearest-Neighbor-Ansatz der eine Fehlerquote von 0,52 % ermöglicht.

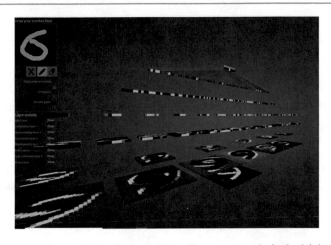

Abb. 5.11 Screenshot der Webseite: https://scs.ryerson.ca/~aharley/vis/conv

Eine sehr schöne Applikation und gleichzeitige eine informative Visualisierung eines trainierten Netzes zur Erkennung von handgeschriebenen Ziffern bietet die Webseite https://scs.ryerson. ca/~aharley/vis/conv. Links oben malt der/die Nutzer*in mittels Maus eine Zahl in das Eingabefeld. Es handelt sich hier erwähnenswerter Weise um ein „convolutional neural network", das im Abschn. 2.3.2 vorgestellt wurde. Das bereits trainierte Netz schätzt anschließend die gemalte Zahl. Im Beispiel aus Abb. 5.11 wurde die Zahl 6 dem Netz zur Schätzung übergeben, welches das Netz problemlos erkennt.

Das MNIST-Dataset ist ein Extrakt eines ursprünglich größeren Datensets, welches NIST genannt wird. NIST umfasst neben den genannten Ziffern auch groß- und kleingeschriebene Buchstaben. In [8] wird das extended MNIST, EMNIST- Datenset vorgeschlagen, mit 240.000 Lern- 40.000 Testdaten. EMNIST beinhaltet alle Buchstaben und Zahlen des NIST-Datensatzes, jedoch aufbereitet gemäß der 28 × 28 Zellen-Gatter-Methode wie in Abb. 5.9 illustriert. Neben akademischen Instituten, die Alternativen zum MNIST-Datensatz veröffentlichten, haben auch kommerzielle Unternehmen Alternativen veröffentlicht. Die Datensätze weisen eine hohe inhaltliche Nähe zum MNIST-Datensatz auf. Ein interessantes Beispiel ist das sogenannte Fashion MNIST Datenset, welches vom Modeunternehmen Zalando veröffentlicht wurde.

Die Intention der Autoren für den Fashion-MNIST ist, dass der Datensatz als direkter Ersatz bzw. Alternative für den MNIST-Datensatz in Bezug auf Benchmarks von Algorithmen des maschinellen Lernens dient [48]. Das Set ist verfügbar unter https://github.com/zalandoresearch/fashion-mnist. Es besteht in Analogie zu MNIST aus 60.000 Trainings- und 10.000 Testdaten. Jedes der Bilder ist wie MNIST via Graustufenanlanyse auf einem Gitter (28 × 28 Zellen) maschinell lesbar gemacht worden. Die folgenden Labelausprägungen wurden dabei verwendet:

0 = T-shirt/top
1 = Trouser
2 = Pullover
3 = Dress
4 = Coat
5 = Sandal
6 = Shirt
7 = Sneaker
8 = Bag
9 = Ankle boot

Beispielsweise sind die Daten zu einem mit 9 = Ankle boot gelabelten Datensatz in Abb. 5.12 dargestellt. Aus dieser Grafik wird deutlich, dass Fashion-MNIST und MNIST gemäß der gleichen Art aufbereitet wurden.

Die restlichen Beispiele zu den mit 0 bis 8 gelabelten Daten aus dem Fashion-MNIST-Datensatz sind exemplarisch in Abb. 5.13 dargestellt.

Der Fashion-MNIST-Datensatz soll nun in dieser Fallstudie aufgegriffen und ein Neuronales Netz trainiert werden. Die Datenmengen des Datensets sind recht umfangreich. Um das Beispiel schnell für Sie als Leser*in reproduzierbar zu machen, wurde der Lern- sowie der Testdatensatz auf 25 % ihrer ursprünglichen Größe verkleinert. Dazu wurden vom Lerndatensatz lediglich die ersten

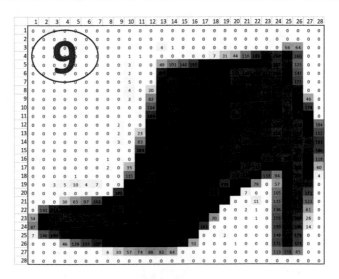

Abb. 5.12 Beispiele aus dem Fashion-MNIST

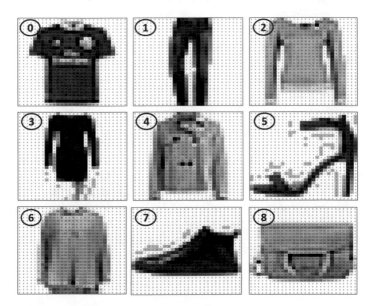

Abb. 5.13 Beispiele aus dem Fashion-MNIST

15.000 Datensätze und vom Testdatensatz die ersten 2500 Datensätze betrachtet. Unter der Annahme, dass die Datensätze vorher hinreichend gut gemischt waren, erscheint dieses Vorgehen als legitim. Zur Erstellung des Netzes kommt erneut die Software RapidMiner zum Einsatz.

Der einzulesende Trainingsdatensatz enthält 15.000 Zeilen bei $1 + 28 \cdot 28 = 785$ Spalten. Die einzulesende Matrix ist glücklicherweise dünn besetzt, da viele Einträge (Elemente) gleich null sind. Es ist schlicht unmöglich, eine sinnvolle Grafik bezüglich der Verteilung (Histogramme) der Variablen darzustellen. In der letzten Fallstudie war es möglich, da lediglich acht Variablen involviert waren. Hier werden darum exemplarisch lediglich die Verteilungen dreier Variablen der 15.000 der Lerndaten dargestellt. In Abb. 5.14a ist das Histogramm der Labelvariablen dargestellt. In Abb. 5.14b ist die Verteilung der Graustufen aus der Zelle x_1_1 (erste Zeile und erste Spalte) sowie die Verteilung der Graustufen aus der 14. Zeile und der 14. Spalte (x_14_14) dargestellt. Damit ist de facto die Verteilung der Graustufen der Fashion-MNIST-Bilder einmal ganz oben links und einmal aus der Bildmitte visualisiert.

Die beiden Verteilungen aus Abb. 5.14b erscheinen plausibel, da die zentrierten Bilder des Fashion-MNIST keine Grau- bzw. Schwarzwerte in der ersten Zelle gesehen von oben links aufweisen. Im Zentrum der Bilder ergibt sich naturgemäß eine andere Verteilung wie Abb. 5.14 zeigt.

Das hier benutzte Netz nutzte zwei versteckte Schichten mit 20 und 10 Neuronen. Das Netz ist an dieser Stelle nicht grafisch visualisiert. Es sei Ihnen versichert, dass das hier trainierte Netz das Resultat des ersten Versuchs ist. Das reine Training des Netzes hat gut 7,5 s gedauert bei der Nutzung eines PCs mit 16 GByte RAM und einer Intel Core i7-8550U CPU. Ohne große Versuche wurde eine Gesamtakkuratheit von 82,4 % auf den Testdaten realisiert. Die Fehlerrate liegt somit bei 17,6 %. Ein Netz mit vier versteckten Schichten und 150, 100, 50 und 10 Neuronen erreicht eine Fehlerrate von 14,8 %. Allerdings steigt die Trainingszeit in diesem Fall auf.

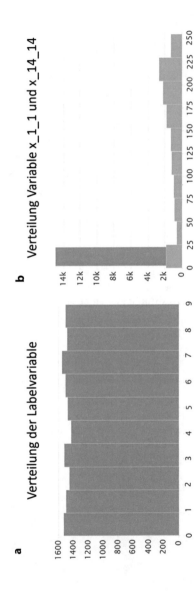

Abb. 5.14 Drei ausgewählte Histogramme aus dem Fashion-MNIST. a.) Plot des Histogramms der Labelvariablen. b.) Verteilung der Graustufen aus den Zellen/Variablen x_1_1 und x_14_14

Das ist kein pulikationswürdiges Ergebnis. Abb. 5.15 zeigt die Ergebnisse des kleineren Netzes (mit Trainingszeit 7,5 s) im Details. Es wird deutlich, dass manche Fashion-Bilder scheinbar besser bzw. einfacher zu erkennen sind für das Neuronale Netz. Die Klassifikation der Bilder der Gruppen 1, 8 und 9 erreicht Fehlerquoten von unter 10 % wie aus Abb. 5.15 ersichtlich ist.

RapidMiner ist eine sehr intuitive Software. Bitte fühlen Sie sich darum ermutigt, die Software einfach selbst auf Ihrem Rechner zu installieren und das Fashion-MNIST-Beispiel nachzuvollziehen. Im besten Fall fühlen Sie sich sogar herausgefordert, die hier genannte Fehlerquote von 17,6 % zu unterbieten. Experimentieren Sie ein bisschen mit der Anzahl der versteckten Schichten, der Anzahl der Neuronen sowie mit den Aktivierungsfunktionen und der Anzahl der verwendeten Epochen herum. Wenn Sie die Software im Hintergrund arbeiten lassen, beansprucht es nicht so stark Ihre Zeit. Die Software verfolgt das Konzept der grafischen Programmierung bei der mittels Drag and Drop Operatoren zu einer Analysepipeline kombiniert werden. Die zu erstellende Pipeline ist in Abb. 5.16 illustriert.

Ich hoffe ich konnte Ihnen die Welt der Neuronalen Netze ein Stück näher bringen. Wenn Sie möchten, vernetzten wir uns gerne unter auf xing oder linkedin

1. xing: https://www.xing.com/profile/Daniel_Sonnet
2. linkedin: https://de.linkedin.com/in/daniel-dr-sonnet-589b68b1

Schreiben Sie mir gerne Ihr Feedback zu diesem Buch, ich würde es gerne hören.

Accuracy: 82.48%

	true 0	true 1	true 2	true 3	true 4	true 5	true 6	true 7	true 8	true 9	class precision
pred. 0	189	0	8	8	0	2	38	1	2	0	76,2%
pred. 1	1	232	2	9	0	0	3	0	0	0	93,9%
pred. 2	5	1	183	1	34	0	21	0	3	0	73,8%
pred. 3	13	4	7	219	6	0	13	0	3	0	82,6%
pred. 4	0	0	23	10	193	1	23	0	4	0	76,0%
pred. 5	0	0	0	0	0	211	0	15	0	5	91,3%
pred. 6	37	2	24	12	13	0	160	0	5	0	63,2%
pred. 7	0	0	0	1	0	18	0	213	2	15	85,5%
pred. 8	5	0	2	3	0	5	5	0	226	0	91,9%
pred. 9	0	0	0	0	0	12	1	10	0	236	91,1%
class recall	75,6%	97,1%	73,5%	83,3%	78,5%	84,7%	60,6%	89,1%	92,2%	92,2%	

Abb. 5.15 Screenshot RapidMiner: Auswertung der Performance des trainierten Netzes

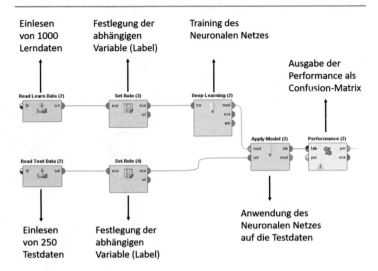

Abb. 5.16 Screenshot RapidMiner: Pipeline zum Training des Netztes

Literatur

1. AIZENBERG, I. N., AIZENBERG, N. N., and VANDEWALLE, J. *Multi-Valued and Universal Binary Neurons: Theory, Learning and Applications*. Springer, US, Boston, MA and s.l., 2000.
2. ALPAYDN, E. *Maschinelles Lernen*, 2., erweiterte Auflage ed. De Gruyter Studium. De Gruyter, Berlin, 2019.
3. BEIERLE, C., and KERN-ISBERNER, G. *Methoden wissensbasierter Systeme: Grundlagen, Algorithmen, Anwendungen*, 6., überarbeitete Auflage ed. Springer eBooks Computer Science and Engineering. Springer Vieweg, Wiesbaden, 2019.
4. BOZINOVSKI, S. Reminder of the first paper on transfer learning in neural networks, 1976. *Informatica 44*, 3 (2020).
5. CALLAWAY, E. 'it will change everything': Deepmind's ai makes gigantic leap in solving protein structures. *Nature 588*, 7837 (2020), 203–204.
6. CHRISTIAN, S. F., and LEBIERE, C. The cascade-correlation learning architecture. In *Advances in Neural Information Processing Systems 2* (1990), Morgan Kaufmann, 524–532.
7. CIREŞAN, D. C., MEIER, U., GAMBARDELLA, L. M., and SCHMIDHUBER, J. Deep, big, simple neural nets for handwritten digit recognition. *Neural computation 22*, 12 (2010), 3207–3220.
8. COHEN, G., AFSHAR, S., TAPSON, J., and van SCHAIK, A. Emnist: an extension of mnist to handwritten letters.
9. CYBENKO, G. Approximation by superpositions of a sigmoidal function. *Mathematics of Control, Signals, and Systems 2*, 4 (1989), 303–314.
10. DE, S., MAITY, A., GOEL, V., SHITOLE, S., and BHATTACHARYA, A. Predicting the popularity of instagram posts for a lifestyle magazine using

© Springer Fachmedien Wiesbaden GmbH, ein Teil von
Springer Nature 2022
D. Sonnet, *Neuronale Netze kompakt,* IT kompakt,
https://doi.org/10.1007/978-3-658-29081-8

deep learning. In *2017 2nd International Conference on Communication Systems, Computing and IT Applications (CSCITA)* (07.04.2017–08.04.2017), IEEE, 174–177.

11. ELMAN, J. L. Finding structure in time. *Cognitive Science 14*, 2 (1990), 179–211.

12. GOODFELLOW, I., BENGIO, Y., and COURVILLE, A. *Deep Learning*. MIT Press, 2016. http://www.deeplearningbook.org.

13. GOODFELLOW, I., POUGET-ABADIE, J., MIRZA, M., XU, B., WARDE-FARLEY, D., OZAIR, S., COURVILLE, A., and BENGIO, Y. Generative adversarial nets. In *Proceedings of the International Conference on Neural Information Processing Systems (NIPS 2014)* (2014), 2672–2680.

14. GRANTER, S. R., BECK, A. H., and PAPKE, D. J. Alphago, deep learning, and the future of the human microscopist. *Archives of pathology & laboratory medicine 141*, 5 (2017), 619–621.

15. GUYON, I., and ELISSEEFF, A. An introduction to variable and feature selection. *Journal of Machine Learning Research 3 3* (2003), 1157–1182.

16. HAHNLOSER, R. H., SARPESHKAR, R., MAHOWALD, M. A., DOUGLAS, R. J., and SEUNG, H. S. Digital selection and analogue amplification coexist in a cortex-inspired silicon circuit. *Nature 405*, 6789 (2000), 947–951.

17. HEBB, D. O. *The Organization of Behavior: A Neuropsychological Theory*. Taylor and Francis, Hoboken, 2005.

18. HINTON, G. E., and SALAKHUTDINOV, R. R. Reducing the dimensionality of data with neural networks. *Science (New York, N.Y.) 313*, 5786 (2006), 504–507.

19. HOPFIELD, J. J. Neural networks and physical systems with emergent collective computational abilities. *Proceedings of the National Academy of Sciences of the United States of America 79*, 8 (1982), 2554–2558.

20. HORNIK, K., TINCHCOMBE, M., and WHITE, H. Multilayer feedforward networks are universal approximators. *Neural Networks 88, 45R*, 2 (1989), 359–366.

21. JONES, M. T. *Artificial Intelligence: A Systems Approach*. Infinity Science Press, Hingham, 2007.

22. JORDAN, M. Attractor dynamics and parallelism in a connectionist sequential machine. In *Artificial neural networks*, J. Diederich, Ed., IEEE Computer Society neural networks technology series. IEEE Computer Society Press, Los Alamitos, Calif., 1990, 112–127.

23. KELLEY, H. J. Gradient theory of optimal flight paths. *ARS Journal 30*, 10 (1960), 947–954.

24. KEYSERS, D., DESELAERS, T., GOLLAN, C., and NEY, H. Deformation models for image recognition. *IEEE transactions on pattern analysis and machine intelligence 29*, 8 (2007), 1422–1435.

25. KLEANTHOUS, C., and CHATZIS, S. Gated mixture variational autoencoders for value added tax audit case selection. *Knowledge-Based Systems 188*, 10 (2020), 105048.

26. KOHONEN, T. *Self-Organizing Maps*, vol. 30 of *Springer Series in Information Sciences Ser.* Springer, Berlin / Heidelberg, Berlin, Heidelberg, 1995.

27. KOTU, V., and DESHPANDE, B. *Data science: Concepts and practice*, second edition ed. Morgan Kaufmann Publishers an imprint of Elsevier, Cambridge, MA, 2019.

28. KRUSE, R., BORGELT, C., BRAUNE, C., KLAWONN, F., MOEWES, C., and STEINBRECHER, M. *Computational Intelligence: Eine methodische Einführung in künstliche neuronale Netze, evolutionäre Algorithmen, Fuzzy-Systeme und Bayes-Netze*, 2., überarbeitete und erweiterte Auflage ed. Computational Intelligence. Springer Vieweg, Wiesbaden, 2015.

29. LAPUSCHKIN, S., WÄLDCHEN, S., BINDER, A., MONTAVON, G., SAMEK, W., and MÜLLER, K.-R. Unmasking clever hans predictors and assessing what machines really learn. *Nature communications 10*, 1 (2019), 1096.

30. LECUN, Y., BOSER, B., DENKER, J. S., HENDERSON, D., HOWARD, R. E., HUBBARD, W., and JACKEL, L. D. Backpropagation applied to handwritten zip code recognition. *Neural computation 1*, 4 (1989), 541–551.

31. LECUN, Y., BOTTOU, L., BENGIO, Y., and HAFFNER, P. Gradient-based learning applied to document recognition. *Proceedings of the IEEE 86*, 11 (1998), 2278–2324.

32. LIANG, M., and HU, X. Recurrent convolutional neural network for object recognition. In *2015 IEEE Conference on Computer Vision and Pattern Recognition (CVPR)* (07.06.2015–12.06.2015), IEEE, pp. 3367–3375.

33. LIGHTHILL, J. Artificial intelligence: A general survey. *Artificial Intelligence. A Paper Symposium. Science Research Council Pamphlet.* (1973), 1–21.

34. LINNAINMAA, S. Taylor expansion of the accumulated rounding error. *BIT 16*, 2 (1976), 146–160.

35. MAASS, W. Networks of spiking neurons: The third generation of neural network models. *Neural Networks 10*, 9 (1997), 1659–1671.

36. MCCLELLAND, J. L., and RUMELHART, D. E. *Explorations in parallel distributed processing: A handbook of models, programs, and exercises*, 2. printing ed. Computational models of cognition and perception. MIT Press, Cambridge, Mass., 1991.

37. MCCULLOCH, W., and PITTS, W. A logical calculus of the ideas immanent in nervous activity. *Bulletin of Mathematical Biophysics 5* (1943), 115–133.

38. METSIS, V., ANDROUTSOPOULOS, I., and PALIOURAS, G. Spam filtering with naive bayes-which naive bayes? In *CEAS* (2006), vol. 17, Mountain View, CA, 28–69.

39. MINSKY, M., and PAPERT, S. A. *Perceptrons: An introduction to computational geometry*, 2. print. with corr ed. The MIT Press, Cambridge/Mass., 1972.

40. ROSENBLATT, F. The perceptron: A probabilistic model for information storage and organization in the brain. *Psychological Review 65*, 6 (1958), 386–408.

41. RUMELHART, D. E., HINTON, G. E., and WILLIAMS, R. J. Learning representations by back-propagating errors. *Nature 323*, 6088 (1986), 533–536.

42. SCHAAF, N., HUBER, M., and MAUCHER, J. Enhancing decision tree based interpretation of deep neural networks through l1-orthogonal regularization. In *2019 18th IEEE International Conference On Machine Learning And Applications (ICMLA)* (16.12.2019–19.12.2019), IEEE, 42–49.

43. SCHMIDHUBER, J. My first deep learning system of 1991 + deep learning timeline 1962–2013.

44. SHEARER, C. The crisp-dm model: The new blueprint for data mining. *Journal of data warehousing*, 4 (5), 13–22.

45. SHWARTZ-ZIV, R., and TISHBY, N. Opening the black box of deep neural networks via information.

46. TAVANAEI, A., GHODRATI, M., KHERADPISHEH, S. R., MASQUELIER, T., and MAIDA, A. Deep learning in spiking neural networks. *Neural networks: the official journal of the International Neural Network Society 111* (2019), 47–63.

47. WIDROW, B., and HOFF, M. E. Adaptive switching circuits. *IRE WESCON Convention Record*, 4 (1960), 96–104.

48. XIAO, H., RASUL, K., and VOLLGRAF, R. Fashion-mnist: a novel image dataset for benchmarking machine learning algorithms.

49. XU, H., MA, Y., LIU, H.-C., DEB, D., LIU, H., TANG, J.-L., and JAIN, A. K. Adversarial attacks and defenses in images, graphs and text: A review. *International Journal of Automation and Computing 17*, 2 (2020), 151–178.

50. ZEILER, M. D., and FERGUS, R. Visualizing and understanding convolutional networks. In *Computer Vision – ECCV 2014*, D. Fleet, T. Pajdla, B. Schiele, and T. Tuytelaars, Eds., vol. 8689 of *Lecture Notes in Computer Science*. Springer International Publishing, Cham, 2014, 818–833.

Printed in the United States
by Baker & Taylor Publisher Services